DUDEN
Abiturhilfen

Analysis I

DUDEN Abiturhilfen

MATHEMATIK

Analysis I
(11. Schuljahr)

Analysis II
(11. und 12. Schuljahr)

Analysis III
(ab 12. Schuljahr)

Stochastik I
Leistungskurs
(12./13. Schuljahr)

Stochastik II
Leistungskurs
(12./13. Schuljahr)

Lineare Algebra und analytische Geometrie I
Leistungskurs
(12./13. Schuljahr)

Lineare Algebra und analytische Geometrie II
Leistungskurs
(12./13. Schuljahr)

Lineare Algebra und analytische Geometrie
Grundkurs
(12./13. Schuljahr)

PHYSIK

Basiswissen Mathematik zur Physik
(11.–13. Schuljahr)

Mechanik I Bewegungslehre
(11. Schuljahr)

Mechanik II Erhaltungssätze
(11. Schuljahr)

Elektrizitätslehre I Felder
(12./13. Schuljahr)

GESCHICHTE

Geschichte I
(12./13. Schuljahr)

Geschichte II
(12./13. Schuljahr)

DEUTSCH

Der deutsche Aufsatz
(12./13. Schuljahr)

CHEMIE

Grundlagen der organischen Chemie
(12./13. Schuljahr)

Grundlagen der allgemeinen Chemie
(12./13. Schuljahr)

Kunststoffe, Farbstoffe, Waschmittel
(12./13. Schuljahr)

BIOLOGIE

Genetik
(12./13. Schuljahr)

Nervensystem und Sinnesorgane
(12./13. Schuljahr)

Stoffwechsel und Energieumsatz
(12./13. Schuljahr)

Zellbiologie
(12./13. Schuljahr)

ERDKUNDE

USA – UdSSR
(12./13. Schuljahr)

Entwicklungsländer
(12./13. Schuljahr)

Geozonen und Landschaftsökologie
(12./13. Schuljahr

KUNST

Kunstgeschichte I
(12./13. Schuljahr)

Kunstgeschichte II
(12./13. Schuljahr)

Die künstlerische Praxis
(12./13. Schuljahr)

Weitere Bände sind in Vorbereitung

DUDEN Abiturhilfen

Analysis I

Folgen und Funktionen
11. Schuljahr

Prof. Dr. Norbert Knoche
unter Mitarbeit von
Marion und Bernd Krallmann

Graphische Darstellungen
von Dieter Kneifel

DUDENVERLAG
Mannheim · Leipzig · Wien · Zürich

CIP-Titelaufnahme der Deutschen Bibliothek
Duden-Abiturhilfen
Mannheim; Wien; Zürich: Dudenverl.
Analysis / von Norbert Knoche
1. Folgen und Funktionen: 11. Schuljahr. - 1988
ISBN 3-411-02618-9
NE: Knoche, Norbert [Mitverf.]

Druck: Druckhaus Langenscheidt KG, Berlin
Bindearbeit: Schöneberger Buchbinderei, Berlin
Gedruckt auf Eural Super Recyclingpapier matt gestrichen
der Papeterie Bourray, Frankreich.
Printed in Germany
ISBN 3-411-02623-5

Vorwort

Die „Duden-Abiturhilfen" setzen die Reihe „Duden-Schülerhilfen" im Bereich der Sekundarstufe II fort.
Die Bände zur Analysis umfassen den gesamten Stoff des Grundkurses und des Leistungskurses Analysis einschließlich des sog. Vorkurses.
In der Regel beginnen die einzelnen Kapitel jeweils mit der Wiederholung der grundlegenden Begriffe und den wichtigsten Aussagen und Regeln zur Anwendung dieser Begriffe.
Die Behandlung des Stoffes wird von einer Vielzahl bis ins Detail vorgerechneter Beispiele und Aufgaben, zu denen ausführliche Lösungen im Anhang angegeben werden, begleitet.
Die Bände sind so geschrieben, daß sie unabhängig vom einzelnen im Unterricht verwendeten Lehrbuch benutzt werden können. Betrachtet man verschiedene Lehrbücher nebeneinander, so erkennt man, daß in ihnen der gleiche Stoff z.T. unterschiedlich behandelt wird. Sie unterscheiden sich natürlich nicht in den mathematischen Sätzen (die Produktregel der Differentiation z.B. finden Sie in jedem Buch). Wodurch sie sich unterscheiden sind die Formulierungen in den Definitionen jeweils behandelter Begriffe. Wir haben diese unterschiedlichen Formulierungen aufgenommen und zeigen auch, wie man von der einen zur anderen kommt. Auf der anderen Seite haben wir uns bemüht, soweit wie möglich auf die einzelnen Schulbücher zurückzugreifen.
Die einzelnen Kapitel sind in dem Sinne unabhängig voneinander geschrieben, daß man, um ein bestimmtes Kapitel lesen zu können, nicht erst alle voraufgegangenen Kapitel lesen muß. Die Bände können daher auch als Nachschlagewerk zur schnellen Information dienen.
Wir geben Ihnen im folgenden einen Überblick über den Inhalt der Duden-Abiturhilfen „Analysis":

***Band I** umfaßt den Vorkurs „Analysis" einschließlich der Themen „Vollständige Induktion", „Zahlenfolgen", „Reelle Funktionen".*

***Band II** hat die Themen „Funktionsgrenzwert, Stetigkeit" und „Differenzierbarkeit" zum Inhalt. Es werden die Kapitel „Einfache Eigenschaften von Funktionen", „Grenzwerte von Funktionen und Stetigkeit", „Differenzierbarkeit" und „Kurvendiskussionen" behandelt.*

***Band III** hat das Thema „Integralrechnung" als Schwerpunkt. Die drei Kapitel lauten: Der Integralbegriff, Kurvendiskussionen und Extremwertprobleme sowie Ergänzung ausgewählter Themen des Analysisunterrichts.*

Die Verfasser

Inhaltsverzeichnis

Vorbemerkungen: Das Rechnen mit Ungleichungen und Beträgen

Abschätzungen spielen in der Analysis eine zentrale Rolle. Das sichere Umgehenkönnen mit Betragsgleichungen und -ungleichungen ist daher eine unabdingbare Voraussetzung für ein erfolgreiches Arbeiten in diesem mathematischen Teilgebiet. Bevor wir daher mit der Behandlung der Themen des Analysis-Unterrichts im engeren Sinne beginnen, wollen wir kurz die Rechenregeln wiederholen, die für das Rechnen mit Ungleichungen und Beträgen benötigt werden.
Das Rechnen mit Ungleichungen basiert auf folgenden Regeln, den sog. Gesetzen der Anordnung.

R1 Sind $a, b \in \mathbb{R}$, so gilt entweder $a < b$ oder $b < a$ oder $a = b$.
R2 Für $a, b, c \in \mathbb{R}$ gilt: Wenn $a < b$ und $b < c$, dann auch $a < c$.
R3 Für $a, b, c \in \mathbb{R}$ gilt: Wenn $a < b$, dann $a + c < b + c$.
R4 Wenn $0 < a$ und $0 < b$, dann $0 < a \cdot b$.

Neben dem $<$-Zeichen verwendet man in Ungleichungen die Zeichen $\leq$, $>$, $\geq$. Es ist:

$a \leq b$ wenn $a < b$ oder $a = b$.
$a > b$ wenn $b < a$.
$a \geq b$ wenn $b \leq a$.

Die Gesetze R1–R4 sind in dem Sinne Grundregeln, als sich alle weiteren Rechenregeln für den Umgang mit Ungleichungen aus ihnen ableiten lassen. Solche Regeln sind Ihnen bekannt. Wir stellen die wichtigsten zusammen.

R5 Wenn $a > 0$, $b > 0$, so $a + b > 0$.
R6 Wenn $a < 0$, $b < 0$, so $a + b < 0$.
R7 Wenn $a < b$, $c < d$, so $a + c < b + d$.
R8 Wenn $a > 0$, so $-a < 0$.
R9 Wenn $a < 0$, so $-a > 0$.
R10 Wenn $a > 0$, $b < 0$, so $a \cdot b < 0$.
R11 Wenn $a < 0$, $b < 0$, so $a \cdot b > 0$.
R12 Wenn $a < b$, $c > 0$, so $a \cdot c < b \cdot c$.
R13 Wenn $a < b$, $c < 0$, so $a \cdot c > b \cdot c$.
R14 Wenn $0 < a < b$, so $\frac{1}{a} > \frac{1}{b}$.
R15 Wenn $0 < a < b$, so $a^n < b^n$ für alle $n \in \mathbb{N}$.
R16 Wenn $0 < a < b$, so $\sqrt{a} < \sqrt{b}$.

Bemerkung: In den obigen Regeln R 1–R 16 hätte man das $<$-Zeichen bzw. $>$-Zeichen auch durch das $\leq$-Zeichen bzw. $\geq$-Zeichen ersetzen können.

Die Ableitungen dieser Regeln finden Sie in Ihren Mathematik-Schulbüchern der Sekundarstufe I.
Sollten Sie auf diesem Gebiet noch irgendwelche Schwierigkeiten haben, so finden Sie reichliches Anschauungs- und Übungsmaterial in den Duden-Schülerhilfen „Gleichungen und Ungleichungen, Band 1 und 2" und „Quadratische Gleichungen und Ungleichungen".
Der Betrag $|a|$ einer reellen Zahl a wird folgendermaßen definiert:

$$|a| = \begin{cases} a & \text{falls } a \geq 0 \\ -a & \text{falls } a < 0 \end{cases}$$

So gilt z.B.: $|\frac{1}{2}| = \frac{1}{2} = |-\frac{1}{2}|$.
Bei der Darstellung der Zahl a als Stelle auf der Zahlengeraden gibt $|a|$ die Entfernung dieser Stelle vom Nullpunkt an.

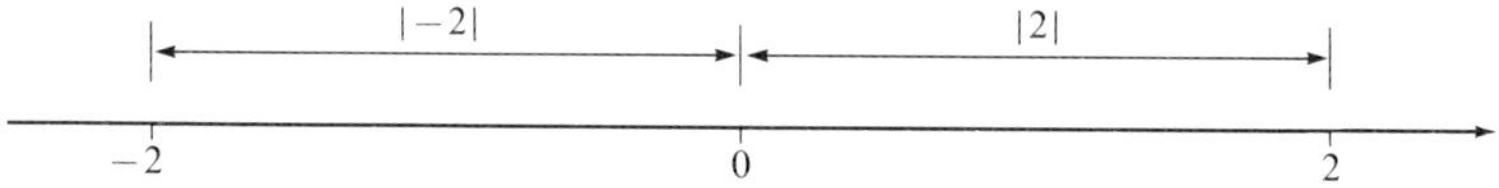

Mit Hilfe des Betrages läßt sich auch der Abstand zweier Stellen beschreiben. Sind a, $b \in \mathbb{R}$, dann ist $|b-a|$ der Abstand der Stelle b von der Stelle a.

Auch für das Rechnen mit Beträgen wollen wir einige Regeln notieren. Aus der Definition folgt sofort:

B 1: Für $a > 0$ gilt:

$$|x| < a \Leftrightarrow -a < x < a$$
$$|x| > a \Leftrightarrow (x < -a) \vee (x > a)$$
$$x^2 \leq a \Leftrightarrow |x| \leq \sqrt{a} \Leftrightarrow -\sqrt{a} \leq x \leq \sqrt{a}$$
$$x^2 \geq a \Leftrightarrow |x| \geq \sqrt{a} \Leftrightarrow (x \leq -\sqrt{a}) \vee (x \geq \sqrt{a})$$

Für beliebige reelle Zahlen a, b gilt:

B 2 $\quad |a| = |-a|$
B 3 $\quad -|a| \leq a \leq |a|$
B 4 $\quad |a-b| = |b-a|$
B 5 $\quad |a+b| \leq |a| + |b|$
B 6 $\quad |a-b| \geq |a| - |b|$
B 7 $\quad |a \cdot b| = |a| \cdot |b|$
B 8 $\quad \left|\frac{a}{b}\right| = \frac{|a|}{|b|}$ falls $b \neq 0$
B 9 $\quad a^2 = |a|^2, \quad \sqrt{a^2} = |a|$

Auch diese Regeln sind Ihnen aus dem Unterricht der Sekundarstufe I bekannt. Verdeutlichen Sie sich die Regeln noch einmal an Zahlenbeispielen oder auf der Zahlengeraden.

1. Kapitel: Vollständige Induktion

In Ihrem Mathematikunterricht haben Sie verschiedene Beweisverfahren kennengelernt, z.B. den direkten Beweis oder den indirekten Beweis. In diesem Kapitel beschäftigen wir uns mit einem weiteren Beweisverfahren, nämlich der „vollständigen Induktion". Es dient dazu, mathematische Aussagen für alle $n \in \mathbb{N}$ zu beweisen oder um Aussagen für alle $n \in \mathbb{N}$ ab einem bestimmten n_0 nachzuweisen.

In der Mathematik kann man mit diesem Verfahren beweisen:

- kombinatorische Aussagen wie z.B.
  eine Formel für die Anzahl der Züge beim Turm-von-Hanoi-Spiel (Beispiel 1)
- Summenformeln wie z.B.:
  Für alle $n \in \mathbb{N}$ gilt: $1+2+3+\ldots+n=\frac{n(n+1)}{2}$. (Beispiel 2)
- Zahlentheoretische Aussagen wie z.B.:
  Für alle $n \in \mathbb{N}$ gilt: n^3-n ist durch 6 teilbar. (Aufgabe 4)

An dem folgenden Beispiel wird das Beweisverfahren noch einmal ausführlich erläutert.

Beispiel 1: „Turm-von-Hanoi-Spiel"

Auf einem Brett sind drei Stangen befestigt. Auf einer Stange befindet sich eine bestimmte Anzahl von Lochscheiben, die der Größe nach geordnet aufeinanderliegen. Ziel dieses Spiels ist es, mit möglichst wenigen Zügen den Turm auf einer anderen Stange geordnet (d.h. unten die größte Scheibe) wieder aufzubauen.

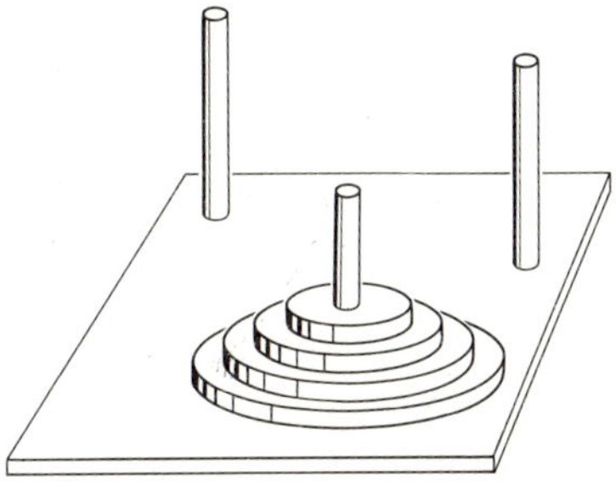

Abbildung 1.1

Dabei müssen folgende Spielregeln beachtet werden:

(1) Es stehen nur die drei durch Stangen markierten Plätze für die Umlegung der Lochscheiben zur Verfügung, d.h. Lochscheiben müssen beim Umlegen stets auf eine Stange gelegt werden.
(2) Es darf pro Spielzug nur eine Scheibe bewegt werden.
(3) Es darf immer nur eine kleinere Scheibe auf eine größere Scheibe gelegt werden.

Probieren Sie dieses Spiel selbst mit Münzen verschiedener Durchmesser (z.B. 1-Pf-, 2-Pf- und 10-Pf-Münzen) aus. Sie benötigen dazu kein Spielbrett, Sie müssen sich nur drei Plätze auf dem Tisch festlegen. Beginnen Sie, um das Spielprinzip zu erkennen, zunächst einmal mit zwei Münzen M 1 (der kleineren) und M 2.

In der folgenden Tabelle sind die einzelnen Züge aufgeschrieben:

	Platz 1	Platz 2	Platz 3
Anfangs- stellung	M 1 M 2	–	–
1. Zug	M 2	M 1	–
2. Zug	–	M 1	M 2
3. Zug	–	–	M 1 M 2

Im ersten Zug wird die kleinere Münze auf Platz 2 gelegt, im 2. Zug die größere Münze auf Platz 3, die kleinere bleibt auf Platz 2 liegen. Im dritten Zug wird die kleinere Münze wieder auf die größere gelegt. Damit haben Sie den gesamten Turm auf einem anderen Platz wieder aufgebaut. Dazu waren 3 Züge erforderlich. Führen Sie jetzt das gleiche Spiel mit 3 Münzen durch!

Die einzelnen Spielzüge sind in der nachfolgenden Tabelle angegeben.

	Platz 1	Platz 2	Platz 3	Bemerkungen
Ausgangs- position	M 1 M 2 M 3	–	–	–
1. Zug	M 2 M 3	–	M 1	Könnten Sie M 1 auch auf Platz 2 bringen?
2. Zug	M 3	M 2	M 1	–
3. Zug	M 3	M 1 M 2	–	Sie haben jetzt am Platz 2 den Zweierturm aufgebaut wie im ersten Spiel.
4. Zug	–	M 1 M 2	M 3	Jetzt befindet sich die unterste Münze M 3 an einem anderen Platz. Sie müssen jetzt auf M 3 nur noch den Zweierturm wieder aufbauen.
5. Zug	M 1	M 2	M 3	Warum ist es jetzt nicht sinnvoll, M 1 auf M 3 zu legen? Wieviel Züge brauchten Sie in diesem Fall bis zum Ziel?
6. Zug	M 1	–	M 2 M 3	–
7. Zug	–	–	M 1 M 2 M 3	–

Überlegen Sie noch einmal, nach welcher Methode Sie vorgegangen sind! Sie haben zunächst einen Zweierturm auf Platz 2 aufgebaut, dann M 3 auf den freien Platz 3 gelegt und auf M 3 den Zweierturm wieder errichtet. Dazu wurden 7 Züge benötigt.

Aufgabe 1: Setzen Sie mit Ihren Münzen einen Viererturm nach den angegebenen Spielregeln um, schreiben Sie sich die Anzahl der benötigten Züge auf und formulieren Sie das Prinzip, wie Sie diese Aufgabe auf das Umsetzen eines Dreierturms zurückführen können.

Lösung: Die Antwort müßte sinngemäß etwa lauten: Ich baue zuerst auf einem anderen Platz einen Dreierturm auf (7 Züge), setze dann die Münze M4 um (1 Zug) und baue auf M4 den Dreierturm wieder auf (7 Züge). Es sind also 15 Züge erforderlich.

Die weitere Anwendung dieses Prinzips liefert jetzt die Strategie für die Umsetzung eines 5er Turmes, eines 6er Turmes usw. Allgemein können Sie also den Turm aus $(n+1)$ Scheiben nach den Spielregeln an einer anderen Stelle wieder aufbauen, wenn Sie wissen, wie Sie den Turm aus n Scheiben umbauen müssen.

Ein solches Verfahren bezeichnet man in der Mathematik auch als **rekursives Verfahren**. Man kann das Nachfolgende aus dem Vorhergehenden bestimmen.

Die Anzahl der Züge $z(n+1)$ für das Umsetzen eines Turmes mit $n+1$ Münzen läßt sich jetzt bestimmen:
Es ist

$$z(2)=3 \quad \text{und} \quad z(n+1)=z(n)+1+z(n) \quad \text{für} \quad n \geq 2. \qquad (1)$$

Mit Hilfe dieser Formel kann man also grundsätzlich die Anzahl der Züge für das Umsetzen eines Turmes mit einer beliebigen Anzahl von Münzen bestimmen, *vorausgesetzt*, daß die Anzahl der Züge bekannt ist, die beim Umsetzen eines Turmes mit einer Münze weniger benötigt wird.

So können Sie die Anzahl der Züge für das Umsetzen eines Turmes mit 100 Scheiben ausrechnen, wenn Sie vorher die Zahl der Züge für das Umsetzen mit 99 Scheiben berechnet haben. Der Rechenaufwand wird aber für $n=99$ schon sehr groß. In der folgenden Tabelle wurde die Anzahl der Spielzüge für kleine n ermittelt:

Anzahl der Spielscheiben: n	2	3	4	5	6
Anzahl der Züge z(n)	$z(2) = 3$	$z(3) = z(2)+1+z(2) = 7$	$z(4) = z(3)+1+z(3) = 15$	$z(5) = z(4)+1+z(4) = 31$	$z(6) = z(5)+1+z(5) = 63$

Aufgrund des großen Rechenaufwands für große n wäre es wünschenswert, eine Formel zu finden, die die Berechnung der Anzahl ohne den Rückschritt ermöglicht.
Um die Lösung dieses Problems wollen wir uns nun kümmern.
Wir wollen zunächst einmal eine solche Formel suchen, sie dann an einigen Beispielen überprüfen, um zu entscheiden, ob es sinnvoll ist, einen allgemeinen Beweis für die Richtigkeit dieser Vermutung zu versuchen.

1. Vermutung: $z(n)=2n-1$.

Wie Sie leicht überprüfen können, ist die Formel für z(2) richtig, da $z(2)=2\cdot 2-1=3$ gilt, das Ergebnis also mit dem Ergebnis in der Tabelle auf S. 13 übereinstimmt. Aber schon $n=3$ widerlegt die Gültigkeit der Vermutung. Sie liefert den Wert $z(3)=5$, während als Ergebnis 7 herauskommen müßte. Wir werden daher diese Vermutung nicht weiter verfolgen.

2. Vermutung: $z(n)=n^2-n+1$.

Wie Sie leicht selbst überprüfen können, erhält man in diesem Fall $z(2)=3$, $z(3)=7$, aber $z(4)=13$. Die Vermutung wird also durch $n=4$ widerlegt.

3. Vermutung: $z(n)=2^n-1$.

Aufgabe 2: Überprüfen Sie die 3. Vermutung an einigen Beispielen.

Es scheint, daß wir mit dieser Vermutung Erfolg haben! Um aber unsere Vermutung zu beweisen, müßten wir zeigen:
Für alle natürlichen Zahlen $n\geq 2$ gilt: $z(n)=2^n-1$
Wie kann man das nachweisen?
Für $n=2, 3, 4, 5, 6$ konnten Sie die Aussage anhand der Tabelle auf S. 13 überprüfen.
Ist die Aussage für $n=7$ richtig?
Wir nutzen unser Wissen, daß die Aussage für $n=6$ richtig ist, aus.
Dann ist
$$z(7)=z(6)+1+z(6)=(2^6-1)+1+(2^6-1)$$
$$=2\cdot 2^6-1=2^7-1.$$
Die Aussage ist also für $n=7$ richtig.
Ist sie für $n=8$ richtig?
Wir nutzen wieder unser Vorwissen, daß die Aussage für $n=7$ richtig ist, aus.
Es ist
$$z(8)=z(7)+1+z(7)=(2^7-1)+1+(2^7-1)$$
$$=2\cdot 2^7-1=2^8-1.$$
Die Aussage ist auch für $n=8$ richtig.
Ist die Aussage für $n=100$ richtig?
Wenn man wüßte, daß sie für $n=99$ richtig ist, dann könnte man sie mit dem eben angegebenen Verfahren für $n=100$ beweisen. Aber was wäre damit gewonnen? Sie hätten natürlich nicht gezeigt, daß die Behauptung richtig ist. Selbst wenn Sie die Überprüfung bis $n=2000$ durchgeführt hätten, wäre immer noch ein Beweis erforderlich. Sie wissen ja nach endlich vielen Beispielen nicht, ob es vielleicht eine (eventuell sehr große) natürliche Zahl gibt, für die diese Vermutung doch noch falsch wird.

Zum Beweis der Behauptung können wir voraussetzen, daß die Formel $z(n)=2^n-1$ für $n=2, 3, \ldots, 8$ richtig ist. Um nachzuweisen, daß sie für alle $n \geq 2$ richtig ist, zeigen wir, daß für ein beliebiges $n \geq 2$ gilt: „Gilt die Formel für n, so auch für $n+1$."
Dann ergibt sich die Gültigkeit der Formel für alle $n \in \mathbb{N}$, $n \geq 2$ schrittweise:
$z(2)=2^2-1$ ist wahr $\Rightarrow z(3)=2^3-1$ ist wahr $\Rightarrow z(4)=2^4-1$ ist wahr $\Rightarrow \ldots$.
Wir zeigen jetzt nach dem schon oben mehrfach bewährten Muster: Ist $z(n)=2^n-1$ wahr, so folgt: $z(n+1)=2^{n+1}-1$.

Rechnung:
$$\begin{aligned} z(n+1) &= z(n)+1+z(n) && \text{(rekursive Formel (1))} \\ &= 2^n-1+1+2^n-1 && \text{(Ausnutzen der Voraussetzung)} \\ &= 2\cdot 2^n-1 \\ &= 2^{n+1}-1 \end{aligned}$$

Das Beweisverfahren, welches wir hier angewandt haben, nennt man **vollständige Induktion**. Dieses Beweisverfahren ist immer anwendbar, wenn es um den Beweis der Gültigkeit einer Aussage für alle natürlichen Zahlen geht oder um den Beweis der Gültigkeit einer Aussage für alle natürlichen Zahlen von einer festen Zahl n_0 an. In unserem Beispiel ging es um die Gültigkeit der Formel $z(n)=2^n-1$ ab $n_0=2$.

Wir betrachten ein zweites Beispiel:

Beispiel 2:

Behauptung: Die Summe der ersten n natürlichen Zahlen läßt sich für alle $n \in \mathbb{N}$ berechnen nach der Formel:

$$s(n)=1+2+3+\ldots+n=\frac{n(n+1)}{2}.$$

Lösung:

Bezeichnen wir die Beziehung $s(n)=\frac{n(n+1)}{2}$ mit $A(n)$, dann lautet die Behauptung: „Für alle $n \in \mathbb{N}$ ist $A(n)$ wahr."

Zum Beweis versuchen wir wieder eine Kette aufzubauen. Wir zeigen:

(1) Es ist $A(1)$ wahr.
(2) Ist $A(n)$ wahr für ein $n \in \mathbb{N}$, so ist auch $A(n+1)$ wahr.

Dann haben wir wieder unsere Kette:
$A(1)$ wahr $\Rightarrow A(2)$ wahr $\Rightarrow A(3)$ wahr $\Rightarrow \ldots$.

Führen wir den Beweis jetzt konkret durch:

1. Schritt: Die Summe der ersten natürlichen Zahl ist 1.
Außerdem gilt: $s(1)=\frac{1\cdot(1+1)}{2}=1$.

Es ist also $A(1)$ wahr für $n=1$.

Im *zweiten Schritt* muß jetzt wieder aus der Gültigkeit der Formel für n die Gültigkeit für $n+1$ gefolgert werden:

Es muß also gezeigt werden:

$$s(n+1)=s(n)+(n+1)=\frac{(n+1)((n+1)+1)}{2}$$

unter der Voraussetzung, daß $s(n)=\frac{n(n+1)}{2}$ gilt.

Beweis dieses zweiten Schrittes:

$s(n+1)=s(n)+(n+1)$	(rekursives Verfahren)
$=\frac{n(n+1)}{2}+(n+1)$	(Benutzen der Voraussetzung)
$=\frac{n(n+1)}{2}+\frac{2(n+1)}{2}$	
$=\frac{(n+1)\cdot(n+2)}{2}$	(Ausklammern von $(n+1)$)
$=\frac{(n+1)((n+1)+1)}{2}$	

Die $(n+1)$te Summe läßt sich also wieder in der angegebenen Form schreiben. $A(n+1)$ ist also wahr, wenn $A(n)$ wahr ist.

Damit ist die Behauptung des Beispiels 2 bewiesen.
Betrachten wir noch einmal die beiden bearbeiteten Beispiele. Zum Beweis wurde in beiden Fällen das folgende Beweisverfahren benutzt:

Beweisverfahren der vollständigen Induktion

Gegeben ist eine Behauptung: Für alle natürlichen Zahlen ab einer festen Zahl n_0 (diese kann auch 1 sein) gilt $A(n)$.
Zum Beweis dieser Aussage wurden die folgenden Schritte durchgeführt:

1. Schritt:

Die Gültigkeit der gegebenen Aussage wurde für n_0 (dieses n_0 kann auch 1 sein) konkret überprüft, d.h. es wurde gezeigt, daß $A(n_0)$ wahr ist.
(Kurzform: $A(n_0)$ ist wahr.)

2. Schritt:

Aus der Annahme der Gültigkeit der Behauptung für n, $n \geq n_0$ wurde die Gültigkeit für $n+1$ gefolgert.
(Kurzform: $A(n) \Rightarrow A(n+1)$.)

Dann hätten wir wieder unsere Kette: $A(n_0)$ wahr $\Rightarrow A(n_0+1)$ wahr $\Rightarrow A(n_0+2)$ wahr $\Rightarrow \ldots$, also $A(n)$ wahr für alle $n \geq n_0$.

Den ersten Schritt dieses Beweisverfahrens bezeichnet man i.a. als **Induktionsverankerung** und den zweiten Schritt als **Induktionsschritt** oder den **Schluß von n auf n+1**.

In Ihren Schulbüchern finden Sie häufig die folgende Formulierung des Prinzips der vollständigen Induktion:

> **Satz 1.1:** Es sei M eine Teilmenge der natürlichen Zahlen, die die folgenden Bedingungen erfüllt:
> (1) $n_0 \in M$.
> (2) Ist $n \geq n_0$ und $n \in M \Rightarrow n+1 \in M$.
> Dann folgt: M ist die Menge der natürlichen Zahlen, die größer oder gleich n_0 sind ($M = \mathbb{N}^{\geq n_0}$).

Wir bringen diese Aussage in Verbindung zu unserem Beweisverfahren. Man erkennt sofort, daß M jeweils die Lösungsmenge der betrachteten Aussageform ist:

Im Beispiel 1:
Sei M die Lösungsmenge der Aussageform $A(n)$: $z(n) = 2^n - 1$.
Wir hatten gezeigt:
(1) $A(2)$ wahr $\Leftrightarrow 2 \in M$.
(2) $n \geq 2$ ($A(n)$ wahr $\Rightarrow A(n+1)$ wahr) $\Leftrightarrow$ ($n \geq 2$ und $n \in M \Rightarrow n+1 \in M$).
Wir haben geschlossen:
$A(n)$ gilt für alle $n \in \mathbb{N}$, $n \geq 2 \Leftrightarrow M = \{n \in \mathbb{N}, n \geq 2\}$.

Im Beispiel 2:
M sei die Lösungsmenge der Aussageform $A(n)$:

$$s(n) = 1 + 2 + 3 + \ldots + n = \frac{n(n+1)}{2}.$$

Wir hatten gezeigt:
(1) $A(1)$ wahr $\Leftrightarrow 1 \in M$.
(2) ($A(n)$ wahr $\Rightarrow A(n+1)$ wahr) $\Leftrightarrow$ ($n \in M \Rightarrow n+1 \in M$).
Wir haben geschlossen: $A(n)$ gilt für alle $n \in \mathbb{N} \Leftrightarrow M = \mathbb{N}$.

Aufgabe 3: Zeigen Sie für alle $n \in \mathbb{N}$, daß für die Summe der ersten n ungeraden Zahlen gilt:

$$A(n): \quad 1 + 3 + 5 + \ldots + (2n-1) = \sum_{i=1}^{n} (2i-1) = n^2$$

Zur Vereinfachung der Schreibweise führt man das Summenzeichen $\sum$ ein, das wie folgt verwandt wird: Sind $a_1, a_2, \ldots, a_n \in \mathbb{R}$, dann ist $\sum_{k=1}^{n} a_k$ definiert als $\sum_{k=1}^{n} a_k = a_1 + a_2 + \ldots + a_n$.

Haben Sie bei der Bearbeitung der Aufgabe beide Teile des Beweises durchgeführt und auch aufgeschrieben? Falls Sie nämlich einen Teil vergessen haben, ist die Behauptung nicht bewiesen.

Betrachten Sie dazu das folgende Beispiel.

Beispiel 3:

Behauptung: Jede natürliche Zahl der Form $2n+1$ ist gerade.

Obwohl – wie Sie sofort sehen – diese Behauptung offensichtlich falsch ist, läßt sich der Schluß von n auf $n+1$ durchführen.

Lösung:

Wir zeigen: Wenn $2n+1$ eine gerade Zahl ist, dann ist auch $2(n+1)+1$ eine gerade Zahl.

Beweis: Sei $2n+1$ gerade $\Rightarrow (2n+1)+2=2n+2+1=2(n+1)+1$ gerade. In dem Beweis wurde benutzt, daß man durch Addition von 2 zu einer geraden Zahl wieder eine gerade Zahl erhält. Das Ergebnis in der oben angegebenen Gleichungskette hat dann also die in der Behauptung angegebene Form. Damit ist der Schluß von n auf $n+1$ durchgeführt worden, obwohl die Aussage des Satzes falsch ist.

Hinter dem Induktionsbeweis steckt ja die Folgerungskette:
$A(1) \Rightarrow A(2)$; $A(2) \Rightarrow A(3)$; $A(3) \Rightarrow A(4)$; ....
Diese Folgerungskette ist natürlich unsinnig, wenn $A(1)$ bzw. allgemein $A(n_0)$ falsch ist.
Ebenso wie man einen Beweis nach dem Verfahren der vollständigen Induktion nicht führen kann, wenn die erste Bedingung nicht erfüllt ist, so reicht es auch nicht aus, die Aussage nur für einige oder gar nur ein $n \in \mathbb{N}$ zu überprüfen. Sie würden ja aus der Tatsache, daß Sie gerade jetzt beim Blick aus dem Fenster ein weißes Auto vorbeifahren sehen, auch sicher nicht schließen, daß alle Autos, die an Ihrem Blickfeld vorbeifahren, weiß sind.
Betrachten Sie noch einmal das Ausgangsbeispiel! Sie haben einige Vermutungen über die Anzahl der Züge z(n) an endlich vielen Beispielen überprüft. So ist die Formel der zweiten Vermutung $z(n)=n^2-n+1$ für $n=2, 3$ wahr, der Schluß von n auf $n+1$ läßt sich aber nicht führen.
Bevor Sie sich selbst in einem Abschlußtest kontrollieren, werden einige Hilfen zur Durchführung eines Beweises nach dem Verfahren der vollständigen Induktion gegeben.
Die Induktionsverankerung, also der Nachweis „$A(n_0)$ ist wahr“ dürfte eigentlich keine Schwierigkeiten machen.
Beachten Sie bei der Durchführung des Induktionsschrittes: „$A(n) \Rightarrow A(n+1)$“ die folgenden Punkte:

- Schreiben Sie sich $A(n)$ und $A(n+1)$ auf und formulieren Sie genau, was zu zeigen ist.
- Formen Sie $A(n+1)$ so um, daß die Voraussetzung $A(n)$ erkennbar wird.
- Überlegen Sie bei Ihren Umformungen genau, ob Sie diese auch durchführen dürfen oder ob eventuell Einschränkungen oder Fallunterscheidungen erforderlich sind.

Vergessen Sie nie einen der beiden Beweisschritte!

Aufgabe 4: Zeigen Sie für alle $n \in \mathbb{N}$: n^3-n ist durch 6 teilbar.

Beispiel 4:

Für alle $n \geq 3$ gilt: $n^2 > 2n+1$.

Lösung:

1. Schritt: Induktionsverankerung: $n=3$: $3^2 > 2 \cdot 3 + 1 \Leftrightarrow 9 > 7$, d.h. A(3) ist wahr.

2. Schritt: Schluß von n auf n+1
zu zeigen: $n \geq 3$: $n^2 > 2n+1 \Rightarrow (n+1)^2 > 2(n+1)+1$.

Beweis:

$$\begin{aligned} & n^2 > 2n+1 && |+(2n+1) \\ \Leftrightarrow\ & n^2+2n+1 > 2n+1+2n+1 && \\ \Leftrightarrow\ & (n+1)^2 > 2n+2+2n && \text{(1. binomische Formel)} \\ \Leftrightarrow\ & (n+1)^2 > 2(n+1)+2n. && \end{aligned}$$

Wenn auf der rechten Seite statt 2n eine 1 stehen würde, wäre der Beweis fertig. Jedem ist aber bekannt, daß $2n > 1$ für alle $n \in \mathbb{N}$ eine wahre Aussage ist. Man kann also auf die kleinere Seite statt „2n" eine „1" schreiben. Aus der oben angegebenen Ungleichung folgt dann:

$$(n+1)^2 > 2(n+1)+2n \Rightarrow (n+1)^2 > 2(n+1)+1.$$

Damit haben wir die Behauptung bewiesen.

Aufgabe 5: Beweisen Sie mit vollständiger Induktion:

Für alle $n \geq 5$ gilt: $2^n > n^2$.

(*Lösungshinweis:* Sie benötigen für die Beweisführung das Ergebnis des Beispiels 4.)

Abschlußtest[1)]

Aufgabe 1: Beweisen Sie:

a) Für alle $n \in \mathbb{N}$ gilt: $2n^3 + 3n^2 + 7n$ ist durch 6 teilbar.

b) Für alle $n \in \mathbb{N}$ gilt: $\sum_{k=1}^{n} \frac{1}{2^k} = \frac{1}{2^1} + \frac{1}{2^2} + \frac{1}{2^3} + \ldots + \frac{1}{2^n} = 1 - \frac{1}{2^n}$.

c) Für alle $n \geq 9$, $n \in \mathbb{N}$ gilt: $2^n > (2n)^2$.

Aufgabe 2: Vermuten Sie die richtige Summenformel für die Summe der ersten n geraden Zahlen (die erste gerade Zahl ist 2, die zweite gerade Zahl ist 4, ... und die n-te gerade Zahl ist 2n) und beweisen Sie diese Formel über vollständige Induktion.

Für alle $n \in \mathbb{N}$ gilt: $\sum_{i=1}^{n} 2i = 2+4+6+\ldots+2n = ?$

Aufgabe 3: Beweisen Sie die Bernoullische Ungleichung: Für $a > -1$, $a \in \mathbb{R}$ und alle $n \in \mathbb{N}$ gilt: $(1+a)^n \geq 1 + a \cdot n$.

1) Weiteres Beispielmaterial finden Sie in den Duden-Schülerhilfen „Aufbau des Zahlensystems und vollständige Induktion".

2. Kapitel: Folgen

2.1 Zahlenfolgen und ihre Eigenschaften[1])

In diesem Kapitel wiederholen wir die wichtigsten Begriffe und Sätze über Folgen. Ausführlich beschäftigen wir uns hierbei mit den Begriffen Konvergenz und Grenzwert.

Zahlenfolgen, z.B. die Folge der Stammbrüche $1, \frac{1}{2}, \frac{1}{3}, \frac{1}{4}, \ldots$, sind Ihnen vom Unterricht her bekannt. Wir bezeichnen im folgenden die einzelnen Glieder einer Folge mit $a_1, a_2, a_3, \ldots$ (natürlich könnte man sie auch $b_1, b_2, b_3, \ldots$ oder $c_1, c_2, c_3 \ldots$ usw. benennen), die Folge selbst mit $\langle a_n \rangle$. Um die einzelnen Glieder der Folge berechnen zu können, benötigt man ein sog. Bildungsgesetz. In unserem Beispiel würde es $a_n = \frac{1}{n}$ lauten, da $a_1 = 1 = \frac{1}{1}, a_2 = \frac{1}{2}, a_3 = \frac{1}{3}, a_4 = \frac{1}{4}, \ldots$.

Statt vom Bildungsgesetz könnte man auch von einer Zuordnungsvorschrift sprechen, durch die jeder natürlichen Zahl n eine reelle Zahl a_n zugeordnet wird. Eine Zahlenfolge kann man also als eine Abbildung ansprechen, als eine Abbildung der natürlichen Zahlen in die reellen Zahlen.

> **Definition 2.1:** Eine **Zahlenfolge** ist eine Abbildung der natürlichen Zahlen in die reellen Zahlen. Jeder natürlichen Zahl n wird eine reelle Zahl a_n zugeordnet.

Zahlenfolgen lassen sich auf der Zahlengeraden und wie Abbildungen im Koordinatensystem graphisch darstellen. Für die Folge $\left\langle \frac{1}{n} \right\rangle$ sähe dies folgendermaßen aus:

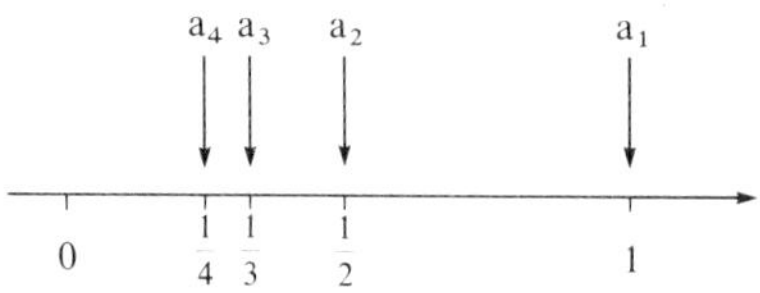

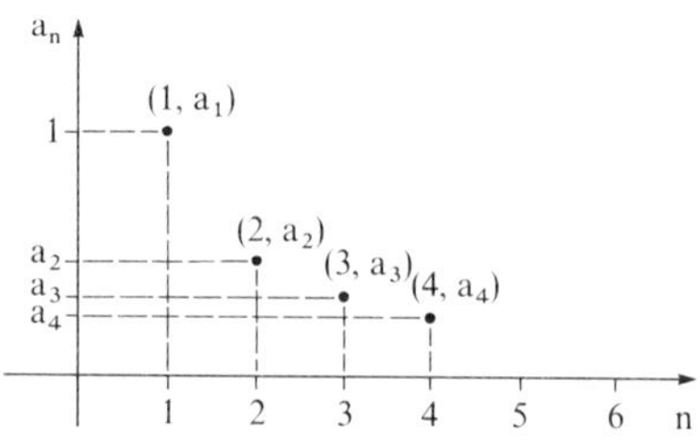

Abbildung 2.1

[1]) Falls Sie dieses Thema im Unterricht nicht behandelt haben sollten, überspringen Sie bitte dieses Kapitel.

Man unterscheidet verschiedene Typen von Zahlenfolgen, u.a.:

Definition 2.2: Eine Zahlenfolge $\langle a_n \rangle$ heißt **arithmetisch**, wenn es reelle Zahlen a und d gibt, so daß $a_n = a + (n-1)d$, für alle $n \in \mathbb{N}$.
Es ist also: $a_1 = a$, $a_2 = a + d$, $a_3 = a + 2d$, $a_4 = a + 3d, \ldots$

Beispiel 1: $\langle a_n \rangle = \langle 2 + 3(n-1) \rangle$ (arithmetische Folge mit $d = 3$)

$a_1 = 2$, $a_2 = 5$ $a_3 = 8$, $a_4 = 11, \ldots$

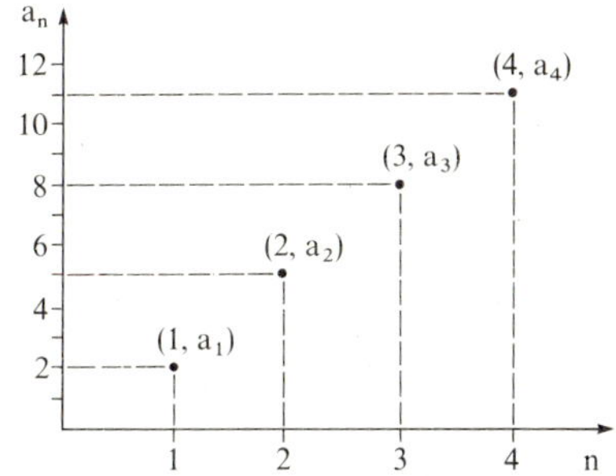

Abbildung 2.2

Eine Zahlenfolge ist also genau dann arithmetisch, wenn die Differenz zweier beliebiger aufeinanderfolgender Folgenglieder konstant ist.
Für alle n gilt: $a_{n+1} - a_n = d$.

Definition 2.3: Eine Zahlenfolge $\langle a_n \rangle$ heißt **geometrisch**, wenn es reelle Zahlen a und q gibt, $a \neq 0$, $q \neq 0$, so daß $a_n = a \cdot q^{n-1}$ für alle $n \in \mathbb{N}$.
Es ist also: $a_1 = a$, $a_2 = a \cdot q$, $a_3 = a \cdot q^2$, $a_4 = a \cdot q^3, \ldots$

Beispiel 2: $\langle a_n \rangle = \left\langle \left(\frac{1}{3}\right)^n \right\rangle$ $\left(\text{geometrische Folge mit } q = \frac{1}{3},\ a = \frac{1}{3}\right)$

$a_1 = \frac{1}{3}$, $a_2 = \frac{1}{9}$, $a_3 = \frac{1}{27}, \ldots$

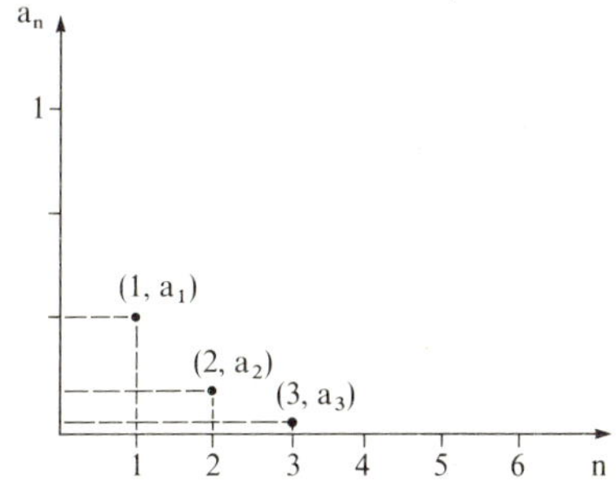

Abbildung 2.3

Eine Zahlenfolge $\langle a_n \rangle$ ist also genau dann eine geometrische Folge, wenn der Quotient zweier beliebiger aufeinanderfolgender Folgenglieder eine Konstante ist.

Für alle n gilt: $\frac{a_{n+1}}{a_n} = q$.

Geometrische Folgen treten z.B. bei der Kapitalverzinsung auf.

Beispiel 3: Für ein Kapital K, das man auf ein Sparkonto einzahlt, erhält man in der Regel einmal im Jahr Zinsen. Bei einem Zinssatz von p% betragen die Jahreszinsen nach Ablauf eines Jahres $z = \frac{K \cdot p}{100}$. Diese Zinsen werden dem Kapital zugeschlagen und im nächsten Jahr mitverzinst. Wir wollen ausrechnen, auf welchen Betrag das Kapital K nach n Jahren angewachsen ist.

Guthaben am Anfang des 1. Jahres: $K_1 = K$

Guthaben am Anfang des 2. Jahres: $K_2 = K_1 + \frac{K_1 \cdot p}{100} = K \cdot \left(1 + \frac{p}{100}\right)$

Guthaben am Anfang des 3. Jahres: $K_3 = K_2 + \frac{K_2 \cdot p}{100} = K_2 \cdot \left(1 + \frac{p}{100}\right)$

$$= K \cdot \left(1 + \frac{p}{100}\right)^2$$

$\vdots$

Guthaben am Anfang des n. Jahres: $K_n = K_{n-1} \cdot \left(1 + \frac{p}{100}\right) = K \cdot \left(1 + \frac{p}{100}\right)^{n-1}$

Es ergibt sich hier offenbar eine geometrische Folge $\langle K_n \rangle$, $K_n = a \cdot q^{n-1}$ mit $a = K$, $q = \left(1 + \frac{p}{100}\right)$.

Definition 2.4: Eine Zahlenfolge $\langle a_n \rangle$ heißt **alternierend**, wenn das Vorzeichen der Folgenglieder ständig wechselt.

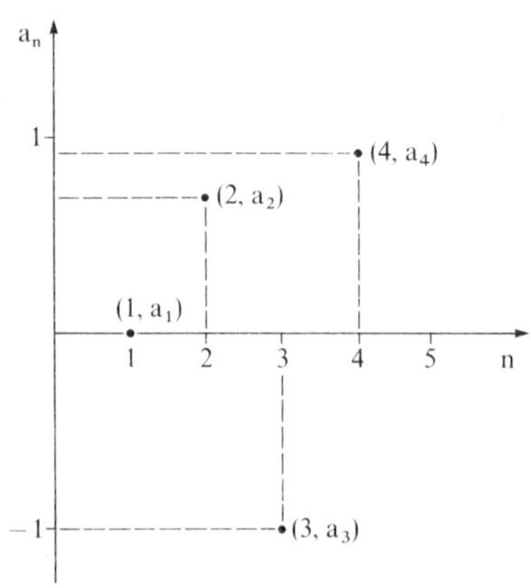

Beispiel 4: $\langle a_n \rangle = \left\langle \left(-\frac{1}{2}\right)^n (n^2 - 1) \right\rangle$

$a_1 = 0$, $a_2 = \frac{3}{4}$, $a_3 = -1$, $a_4 = \frac{15}{16}$, ...

Abbildung 2.4

Definition 2.5: Eine Zahlenfolge $\langle a_n \rangle$ heißt **monoton wachsend**, wenn für alle $n \in N$ gilt: $a_n \leq a_{n+1}$.
Gilt für alle n sogar $a_n < a_{n+1}$, so heißt $\langle a_n \rangle$ **streng monoton wachsend.**
$\langle a_n \rangle$ heißt **monoton fallend**, wenn für alle $n \in N$ gilt: $a_{n+1} \leq a_n$.
Gilt für alle n sogar $a_{n+1} < a_n$, so heißt $\langle a_n \rangle$ **streng monoton fallend.**

Beispiel 5: $\langle a_n \rangle = \left\langle \frac{n^2}{n+1} \right\rangle$ (streng monoton wachsende Folge)

$a_1 = \frac{1}{2}, a_2 = \frac{4}{3}, a_3 = \frac{9}{4}, a_4 = \frac{16}{5}, \dots$

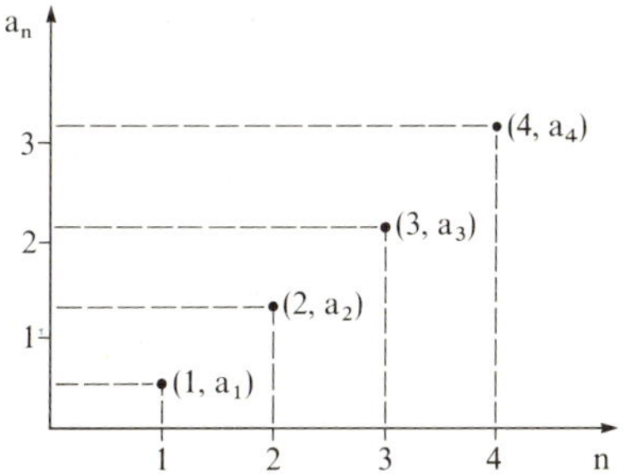

Abbildung 2.5

Beispiel 6: $\langle a_n \rangle = \left\langle \frac{n+1}{n^2} \right\rangle$ (streng monoton fallende Folge)

$a_1 = 2, a_2 = \frac{3}{4}, a_3 = \frac{4}{9}, a_4 = \frac{5}{16}, \dots$

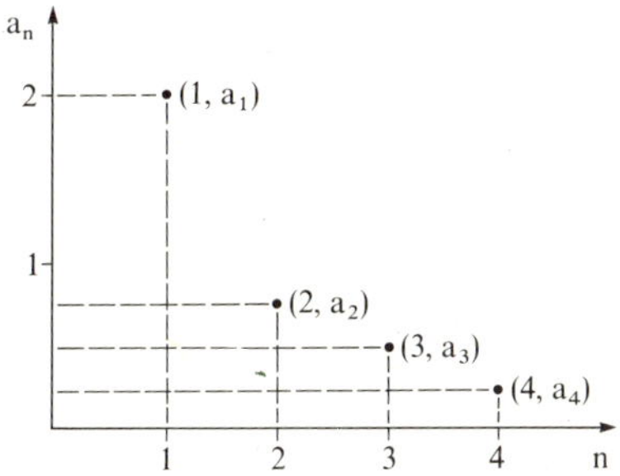

Abbildung 2.6

Weitere Beispiele monotoner Folgen:

1) Die Folge $\left\langle \frac{1}{n} \right\rangle$ ist streng monoton fallend, denn für alle $n \in \mathbb{N}$ gilt: $\frac{1}{n+1} < \frac{1}{n}$.

2) Die arithmetische Folge $\langle 2+3(n-1) \rangle$ ist streng monoton wachsend, denn
$a_{n+1} - a_n = (2+3n) - (2+3(n-1)) = 3 > 0$, also ist
$a_{n+1} - a_n > 0$, was äquivalent ist zu $a_n < a_{n+1}$.

Aufgabe 1: Untersuchen Sie die Folgen in den Beispielen 2–4 auf Monotonie.

Definition 2.6: Eine Zahlenfolge $\langle a_n \rangle$ heißt

a) nach **oben beschränkt**, wenn es eine reelle Zahl S gibt, so daß $a_n \leq S$ für alle $n \in \mathbb{N}$; S heißt eine obere Schranke von $\langle a_n \rangle$.

b) nach **unten beschränkt**, wenn es eine reelle Zahl s gibt, so daß $s \leq a_n$ für alle $n \in \mathbb{N}$; s heißt eine untere Schranke von $\langle a_n \rangle$.

c) **beschränkt**, wenn sie nach oben und unten beschränkt ist.

Obere und untere Schranke einer beschränkten Zahlenfolge sind natürlich nicht eindeutig bestimmt. Ist S eine obere Schranke von $\langle a_n \rangle$, so auch jede Zahl $S' > S$. Ist s eine untere Schranke von $\langle a_n \rangle$, so auch jede Zahl $s' < s$.

<u>*Beispiel 7:*</u> Die Folge der dezimalen Näherungswerte von $\frac{1}{3}$, nämlich die Folge

$$a_1 = 0{,}3 = \frac{3}{10}; \quad a_2 = 0{,}33 = \frac{3}{10} + \frac{3}{10^2}; \quad a_3 = 0{,}333 = \frac{3}{10} + \frac{3}{10^2} + \frac{3}{10^3}; \ldots;$$

$$a_n = \underbrace{0{,}33 \ldots 3}_{\text{n Ziffern}} = \frac{3}{10} + \frac{3}{10^2} + \ldots + \frac{3}{10^n}$$

ist nach oben beschränkt durch 0,34 und nach unten beschränkt durch 0.

<u>*Beispiel 8:*</u> Die Zahlenfolge $\langle a_n \rangle = \left\langle \frac{1}{n} \right\rangle$ ist beschränkt. Sie ist nach oben beschränkt durch 1, nach unten beschränkt durch 0, da für alle $n \in \mathbb{N}$ gilt: $0 \leq \frac{1}{n} \leq 1$.

<u>*Beispiel 9:*</u> Die Zahlenfolge $\langle a_n \rangle = \langle 2 + 3(n-1) \rangle$ ist nach unten beschränkt, aber nicht nach oben.

Beweis:

a) *Sie ist nach unten beschränkt*, denn für alle $n \in \mathbb{N}$ ist $a_n = 2 + 3(n-1) \geq 2$.

b) *Sie ist nicht nach oben beschränkt.* Um das zu beweisen, ist zu zeigen, daß es zu jeder noch so großen positiven Zahl r ein Folgenglied a_n gibt, das größer als r ist.
Sei z.B. $r = 1000$. Von welchem Folgenglied ab ist $a_n > 1000$?

$$a_n > 1000 \Leftrightarrow 2 + 3(n-1) > 1000 \Leftrightarrow 3(n-1) > 998 \Leftrightarrow n > \frac{998}{3} + 1.$$

Alle natürlichen Zahlen größer als 333 erfüllen diese Ungleichung. Es ist $a_{334} = 1001 > 1000$. Wir führen diese Überlegung allgemein durch:
Ist $r > 0$ eine beliebige positive Zahl, dann ist $a_n > r$ genau dann, wenn $2 + 3(n-1) > r$ ist. Diese Ungleichung ist erfüllt für alle natürlichen Zahlen n, die die Ungleichung $n > \frac{r-2}{3} + 1$ erfüllen. Ist also $n_0 > \frac{r-2}{3} + 1$, so ist $a_{n_0} = 3(n_0 - 1) + 2 > r$.

Aufgabe 2: a) Was ist zu zeigen, um nachzuweisen, daß eine Folge $\langle a_n \rangle$ nicht nach unten beschränkt ist?

b) Konstruieren Sie eine Zahlenfolge, die nach oben, aber nicht nach unten beschränkt ist.

Wir haben bisher Zahlenfolgen betrachtet, bei denen die Werte der Folgenglieder verschieden waren. Das muß nicht sein!

<u>*Beispiel 10:*</u> $\langle a_n \rangle$ sei definiert durch $a_n = \begin{cases} 1 & \text{für n gerade} \\ 0 & \text{für n ungerade.} \end{cases}$

Diese Folge nimmt zwei verschiedene Werte an.

Es gibt natürlich auch Folgen, bei denen alle Folgenglieder den gleichen Wert haben.
Eine Zahlenfolge, bei der *alle* Folgenglieder den gleichen Wert haben – $a_n = c$ für alle n – heißt eine **konstante Folge**.

Unsere bisherigen Beispiele für Folgen waren insofern angenehm, als die Folgen durch einen expliziten Term gegeben waren. Man konnte sofort jedes Glied der Folge berechnen. Das muß nicht so sein. Manchmal ist eine Folge **rekursiv** gegeben. Um ein Folgenglied bestimmen zu können, benötigt man die Werte der voraufgegangenen Folgenglieder. (Man muß auf die voraufgehenden Folgenglieder zurückgehen, recurrere (lat.) = zurückgehen.)

Beispiele für rekursiv definierte Folgen

1) Im 1. Kapitel haben Sie beim dort behandelten Turmproblem eine rekursiv definierte Zahlenfolge kennengelernt. Die Folgenglieder waren definiert durch:

$$a_1 = 1, \quad a_{n+1} = 2a_n + 1 \quad \text{für } n \geq 1.$$

Die ersten Folgenglieder lauteten:

$$a_1 = 1, \quad a_2 = 2 \cdot 1 + 1 = 3, \quad a_3 = 2 \cdot 3 + 1 = 7, \quad a_4 = 2 \cdot 7 + 1 = 15, \quad \ldots.$$

2) $\langle a_n \rangle$ sei definiert durch:

$$a_1 = 1, \quad a_{n+1} = \frac{1}{2}\left(a_n + \frac{2}{a_n}\right) \quad \text{für } n \geq 1.$$

Die ersten Folgenglieder lauten:

$$a_1 = 1; \quad a_2 = \frac{1}{2}\left(1 + \frac{2}{1}\right) = 1{,}5; \quad a_3 = \frac{17}{12} = 1{,}41\overline{6};$$

$$a_4 = \frac{3462}{2448} = 1{,}414215 \ldots.$$

Bemerkung: Die Folgenglieder liefern sehr schnell eine gute Approximation von $\sqrt{2}$ (die Folge konvergiert gegen $\sqrt{2}$, siehe Beispiel 20).
Weitere Beispiele für rekursiv definierte Folgen können Sie sich leicht selbst konstruieren.

Z.B. $\langle a_n \rangle$ sei definiert durch $a_1 = 2$, $a_{n+1} = \frac{1}{1 + a_n}$ für $n \geq 1$;

$\langle a_n \rangle$ sei definiert durch $a_1 = 1$, $a_2 = \frac{1}{2}$, $a_{n+2} = a_{n+1} \cdot a_n$ für $n \geq 1$.

Eine berühmte rekursiv definierte Folge ist die **Folge der Fibonacci-Zahlen**, die wie folgt definiert ist:

$$a_1 = 1, \quad a_2 = 1, \quad a_{n+2} = a_{n+1} + a_n \quad \text{für } n \geq 1.$$

Die ersten Folgenglieder lauten:

$$a_1 = 1, \quad a_2 = 1, \quad a_3 = 2, \quad a_4 = 3, \quad a_5 = 5, \quad \ldots.$$

Diese Folge erscheint zum ersten Mal in einem Buch mit dem Titel „Liber abaci" (wir würden heute Algebra sagen), das um 1200 von Leonardo von Pisa, der auch Fibonacci genannt wurde, verfaßt wurde.

Ein weiteres Beispiel für rekursiv definierte Folgen ist eine Reihe.

Definition 2.7: Sei $\langle a_n \rangle$ eine Zahlenfolge, dann heißt die Folge $\langle s_n \rangle$ mit $s_n = \sum_{k=1}^{n} a_k$ die zu $\langle a_n \rangle$ gehörige **Reihe**.

Es ist $s_1 = a_1$, $s_{n+1} = s_n + a_{n+1}$. Also ist $\langle s_n \rangle$ eine rekursiv definierte Folge. Wichtige Beispiele für Reihen haben Sie in den „arithmetischen" und „geometrischen" Reihen kennengelernt. Eine Reihe $\langle s_n \rangle$, $s_n = \sum_{k=1}^{n} a_k$ heißt eine **arithmetische** bzw. **geometrische Reihe**, wenn die Folge $\langle a_n \rangle$ arithmetisch bzw. geometrisch ist.

Für die arithmetische und geometrische Reihe hat man die sog. Summenformeln, das sind explizite Darstellungen der Folgenglieder s_n.

Satz 2.1:

(1) Ist $\langle a_n \rangle$ eine arithmetische Folge, $a_n = a + (n-1)d$, so gilt für die dazugehörige **arithmetische Reihe**:

$$s_n = \sum_{k=1}^{n} a_k = a + (a+d) + (a+2d) + \ldots + (a+(n-1)d)$$

$$= na + (1+2+3+\ldots+n-1)d = n \cdot a + \frac{n(n-1)}{2} d.$$

(2) Ist $\langle a_n \rangle$ eine geometrische Folge, $a_n = a \cdot q^{n-1}$, $q \neq 1$, so gilt für die dazugehörige **geometrische Reihe**:

$$s_n = \sum_{k=1}^{n} a_k = a + aq + aq^2 + \ldots + aq^{n-1} = a \cdot \frac{q^n - 1}{q-1}.$$

2.2 Konvergenz von Zahlenfolgen – Der Grenzwertbegriff

Bei der Behandlung von Zahlenfolgen haben Sie die Begriffe „konvergente Zahlenfolge" und „Grenzwert einer konvergenten Zahlenfolge" kennengelernt. Wir wollen diese Begriffe hier wiederholen.
Was heißt „Eine Zahlenfolge ist konvergent" und was ist dann ihr Grenzwert?

Im Unterricht haben Sie aus Beispielen vielleicht eine erste umgangssprachliche Formulierung der Art gewonnen:
„Eine Zahlenfolge $\langle a_n \rangle$ konvergiert gegen eine Zahl a, wenn die Folgenglieder a_n beliebig nahe bei dieser Zahl a liegen, sofern n nur hinreichend groß ist."

Den Abstand zweier Zahlen a und b messen wir mit dem Betrag $|b-a|$. Man hätte also auch sagen können:
„Eine Zahlenfolge $\langle a_n \rangle$ konvergiert gegen eine Zahl a, wenn $|a_n - a|$ beliebig klein wird, sofern nur n hinreichend groß ist."
Man kann sich diese Formulierung durch folgende Darstellungen auf der Zahlengeraden oder im Koordinatensystem veranschaulichen.

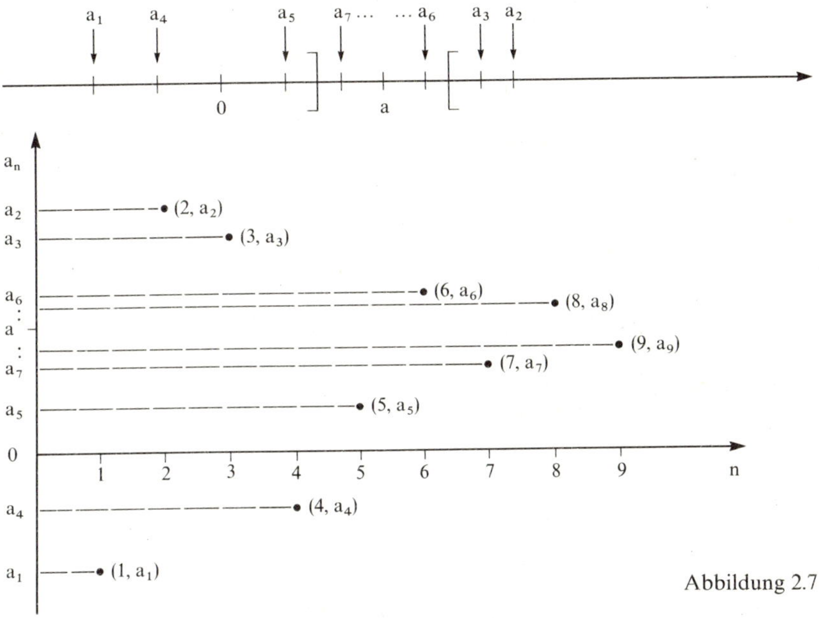

Abbildung 2.7

<u>*Beispiel 11:*</u> Die Folge $\left\langle 1+\frac{(-1)^n}{n^2}\right\rangle$ konvergiert gegen 1, denn der Abstand von $a_n = 1+\frac{(-1)^n}{n^2}$ zu der Zahl 1, also der Wert $\left|\left(1+\frac{(-1)^n}{n^2}\right)-1\right|$ wird beliebig klein, sofern nur n hinreichend groß ist. Es ist:

$$\left|\left(1+\frac{(-1)^n}{n^2}\right)-1\right| = \left|\frac{(-1)^n}{n^2}\right| = \frac{1}{n^2} < \frac{1}{100} \quad \text{für } n>10$$

$$< \frac{1}{1000} \quad \text{für } n>31$$

$$< \frac{1}{10000} \quad \text{für } n>100 \quad \text{usw.}$$

Also:

Vom 11. Folgenglied an sind alle Folgenglieder um weniger als $\frac{1}{100}$ von 1 entfernt.

Vom 32. Folgenglied an sind alle Folgenglieder um weniger als $\frac{1}{1000}$ von 1 entfernt.

usw.

Wählen wir eine beliebige Zahl $\varepsilon > 0$, so können wir auch dann einen Index n_0 angeben, von dem ab jedes Folgenglied einen kleineren Abstand von 1 als ε hat. Es ist:

$$\left|1+\frac{(-1)^n}{n^2}-1\right| = \left|\frac{(-1)^n}{n^2}\right| = \frac{1}{n^2} < \varepsilon$$

falls $n > \frac{1}{\sqrt{\varepsilon}}$. Wählen wir für n_0 eine natürliche Zahl, die größer als $\frac{1}{\sqrt{\varepsilon}}$ ist, so gilt: Für alle $n > n_0$ ist

$$\left|1+\frac{(-1)^n}{n^2}-1\right| = \frac{1}{n^2} < \frac{1}{n_0^2} \leq \varepsilon.$$

Jetzt haben wir die umgangssprachliche Formulierung „$\left|1+\frac{(-1)^n}{n^2}-1\right|$ wird beliebig klein, sofern n nur hinreichend groß ist" mathematisch gefaßt:

„Zu jedem $\varepsilon > 0$ gibt es ein n_0, so daß für alle $n > n_0$ gilt $\left|\left(1+\frac{(-1)^n}{n^2}\right)-1\right| < \varepsilon$".

Eine entsprechende Aussage gilt nicht mehr für die Folge im nächsten Beispiel.

<u>*Beispiel 12:*</u> Wir betrachten die Folge $\langle a_n \rangle = \left\langle (-1)^n + \frac{(-1)^n}{n} \right\rangle$. Es ist

$$a_1 = -2,\ a_2 = 1 + \frac{1}{2} = 1\frac{1}{2},\ a_3 = -1\frac{1}{3},\ a_4 = 1\frac{1}{4};$$

allgemein:

$$a_n = \begin{cases} 1+\frac{1}{n} & \text{falls n gerade} \\ -\left(1+\frac{1}{n}\right) & \text{falls n ungerade} \end{cases}$$

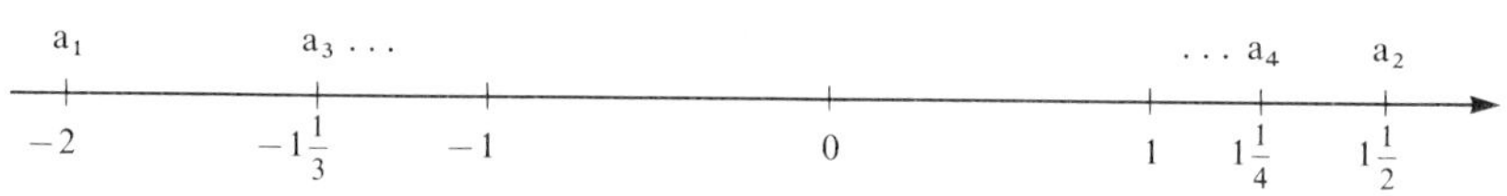

Abbildung 2.8

Jetzt gibt es keine Zahl a, so daß $|a_n - a|$ beliebig klein wird, sofern nur n hinreichend groß ist. Für ungerade n ($n > 1$) liegt a_n zwischen -2 und -1 und für gerade n zwischen 1 und 2.

Überlegungen, wie wir sie an den Beispielen 11 und 12 durchgeführt haben, führen zu folgender Definition der Konvergenz:

Definition 2.8: Die Zahlenfolge $\langle a_n \rangle$ **konvergiert** gegen eine Zahl a, wenn es zu jedem $\varepsilon > 0$ einen Index n_0 gibt, so daß für alle $n > n_0$ gilt: $|a_n - a| < \varepsilon$.
Statt $\langle a_n \rangle$ konvergiert gegen a sagt man auch, $\langle a_n \rangle$ habe den **Grenzwert** a und schreibt $\lim\limits_{n \to \infty} a_n = a$.

Den obigen Überlegungen entnimmt man dann sofort den Satz:

Satz 2.2: Eine Zahlenfolge $\langle a_n \rangle$ besitzt höchstens einen Grenzwert.

Definition 2.9: Eine nicht konvergente Zahlenfolge heißt **divergent**.

Bemerkung: Man kann grundsätzlich zwei Typen von Divergenz unterscheiden:

Einen Typ haben wir beim Betrachten der Folge $\left\langle (-1)^n + \frac{(-1)^n}{n} \right\rangle$ kennengelernt. Es gab zwei Zahlen, die die Eigenschaft hatten, daß beliebig dicht bei jeder von ihnen unendlich viele Folgenglieder lagen, aber nicht alle Folgenglieder a_n von einem Index n_0 an.
Ein weiterer Typ ergibt sich, wenn die Folge nicht beschränkt ist. Ist die Zahlenfolge z.B. nicht nach oben beschränkt, dann kann es keine Zahl a geben, so daß für jedes $\varepsilon > 0$ gilt $|a_n - a| < \varepsilon$ für alle $n > n_0$. Gäbe es nämlich eine solche Zahl a, dann sei $[a - \varepsilon, a + \varepsilon]$ ein ε-Intervall um a.

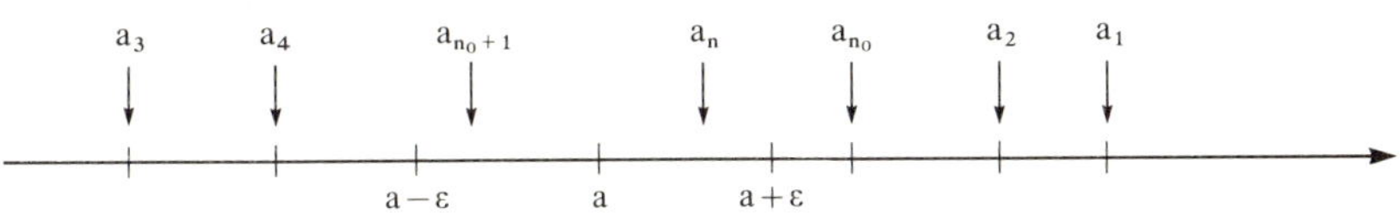

Abbildung 2.9

Außerhalb dieses Intervalles könnten höchstens endlich viele Folgenglieder liegen. Die Folge wäre dann durch das größte dieser Folgenglieder nach oben und das kleinste von ihnen nach unten beschränkt. Die Zahlenfolge ist aber nicht nach oben beschränkt.
Den Überlegungen des Beispiels entnehmen wir den allgemeinen Satz:

Satz 2.3: Eine konvergente Zahlenfolge ist beschränkt.

Wir haben die Begriffe Konvergenz und Grenzwert mit der Definition 2.8 erklärt. Sie haben vielleicht eine andere Definition kennengelernt. Man kann diese Definition sprachlich umformulieren und kommt so zu äquivalenten Kennzeichnungen der Konvergenz einer Zahlenfolge und des Grenzwerts. Zuvor jedoch einige Beispiele zu Konvergenzuntersuchungen.

Beispiel 13: Die Folge $\langle a_n \rangle = \left\langle \frac{3n^2+5}{6n^2-2} \right\rangle$ hat den Grenzwert $\frac{1}{2}$,

$$\lim_{n\to\infty} \frac{3n^2+5}{6n^2-2} = \frac{1}{2}.$$

Zu zeigen ist, daß es zu jeder positiven Zahl ε ein $n_0 \in \mathbb{N}$ gibt, so daß für alle $n > n_0$ gilt $\left| a_n - \frac{1}{2} \right| < \varepsilon$.

Sei also ε eine beliebige positive Zahl. Es gilt:

$$\left| \frac{3n^2+5}{6n^2-2} - \frac{1}{2} \right| = \left| \frac{6n^2+10-6n^2+2}{2\cdot(6n^2-2)} \right| = \frac{3}{3n^2-1},$$

also $\left| \frac{3n^2+5}{6n^2-2} - \frac{1}{2} \right| < \varepsilon$ genau dann, wenn $\frac{3}{3n^2-1} < \varepsilon$.

Es ist

$$\frac{3}{3n^2-1} < \varepsilon \Leftrightarrow \frac{3}{\varepsilon} < 3n^2-1 \Leftrightarrow n > \sqrt{\frac{1}{3}\left(\frac{3}{\varepsilon}+1\right)}.$$

Wählt man also für n_0 eine natürliche Zahl größer als $\sqrt{\frac{1}{3}\left(\frac{3}{\varepsilon}+1\right)}$, so gilt für alle $n > n_0$:

$$\left| \frac{3n^2+5}{6n^2-2} - \frac{1}{2} \right| < \varepsilon.$$

Beispiel 14: Die Folge $\langle a_n \rangle = \left\langle \left(\frac{2}{5}\right)^n \right\rangle$ ist eine Nullfolge. So nennt man eine Folge $\langle a_n \rangle$, für die $\lim_{n\to\infty} a_n = 0$ gilt.

Zu zeigen ist, daß es zu jedem $\varepsilon > 0$ ein n_0 gibt, so daß für alle $n > n_0$ gilt:

$$\left| \left(\frac{2}{5}\right)^n - 0 \right| = \left(\frac{2}{5}\right)^n < \varepsilon.$$

Wir schätzen $\left(\frac{2}{5}\right)^n$ nach oben ab. Es ist $\frac{2}{5} < \frac{1}{2}$, also $\left(\frac{2}{5}\right)^n < \left(\frac{1}{2}\right)^n = \frac{1}{2^n}$.

Für alle natürlichen Zahlen n ist $2^n > n$, also $\frac{1}{2^n} < \frac{1}{n}$. Ist $\frac{1}{n} < \varepsilon$, so auch $\frac{1}{2^n} < \varepsilon$ und wegen $\left(\frac{2}{5}\right)^n < \left(\frac{1}{2}\right)^n$ gilt ebenfalls $\left(\frac{2}{5}\right)^n < \varepsilon$. Wählt man $n_0 > \frac{1}{\varepsilon}$, so gilt für alle $n > n_0$: $\frac{1}{n} < \varepsilon$. Daraus folgt $\frac{1}{2^n} < \varepsilon$ und schließlich $\left(\frac{2}{5}\right)^n < \varepsilon$.

Aufgabe 3: Zeigen Sie, daß die Folge $\langle a_n \rangle = \left\langle 7 \cdot \left(\frac{2}{5}\right)^n \right\rangle$ eine Nullfolge ist.

Hinweis: Zu zeigen ist, daß es zu jedem $\varepsilon > 0$ ein n_0 gibt, so daß für alle $n > n_0$ gilt: $\left| 7 \cdot \left(\frac{2}{5}\right)^n \right| = 7 \cdot \left(\frac{2}{5}\right)^n < \varepsilon$. Die Ungleichung $7 \cdot \left(\frac{2}{5}\right)^n < \varepsilon$ ist äquivalent zu der Ungleichung $\left(\frac{2}{5}\right)^n < \frac{\varepsilon}{7}$.

Beispiel 15: Die Folge $\langle a_n \rangle = \left\langle \frac{n}{2^n} \right\rangle$ ist eine Nullfolge.

Zu zeigen ist, daß es zu jedem $\varepsilon > 0$ ein $n_0 \in \mathbb{N}$ gibt, so daß für alle $n > n_0$ gilt: $\left| \frac{n}{2^n} \right| < \varepsilon$.

Wir schätzen $\frac{n}{2^n}$ nach oben ab. Aus der Aufgabe 5 im 1. Kapitel wissen wir, daß $2^n > n^2$ für alle $n > 4$. Also gilt: $\frac{1}{2^n} < \frac{1}{n^2}$ für alle $n > 4$ und damit $\frac{n}{2^n} < \frac{1}{n}$ für alle $n > 4$. Es ist $\frac{1}{n} < \varepsilon$ für $n > \frac{1}{\varepsilon}$.

Wählen wir $n_0 > 4$ und so, daß $n_0 > \frac{1}{\varepsilon}$, dann gilt für alle $n > n_0$: $\frac{n}{2^n} < \varepsilon$.

Bevor wir auf weitere Beispiele eingehen, wollen wir uns mit anderen sprachlichen Formulierungen der Konvergenz beschäftigen.
Unsere Definition besagt, daß für jedes $\varepsilon > 0$ die Ungleichung $|a_n - a| < \varepsilon$ von allen a_n erfüllt wird mit höchstens endlich vielen Ausnahmen, nämlich den Gliedern $a_1, \ldots, a_{n_0}$. Man sagt auch, daß die Ungleichung $|a_n - a| < \varepsilon$ von „fast allen a_n" erfüllt wird. Man findet daher auch die folgende Formulierung:

„Die Zahlenfolge $\langle a_n \rangle$ konvergiert gegen a, wenn für jede Zahl $\varepsilon > 0$ die Ungleichung $|a_n - a| < \varepsilon$ von fast allen a_n erfüllt wird."

Eine weitere, häufig verwendete Formulierung benutzt den Begriff „Umgebung". Unter einer **Umgebung** U(a) einer Zahl a versteht man ein nach beiden Seiten offenes Intervall, welches a enthält.

$U(a) = \{x \in \mathbb{R}, a - \varepsilon_1 < x < a + \varepsilon_2\}$.

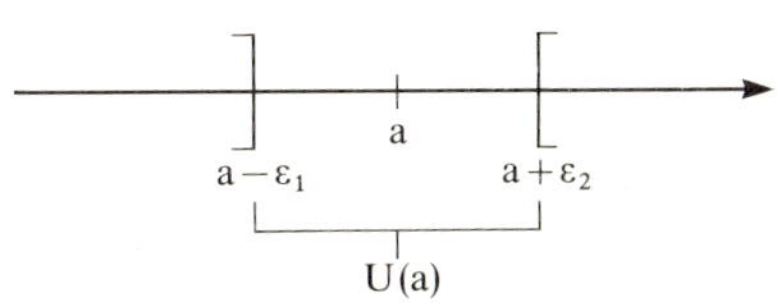

Abbildung 2.10

Ist $\varepsilon_1 = \varepsilon_2 = \varepsilon$, so spricht man von einer **symmetrischen Umgebung** $U_\varepsilon(a)$:

$$U_\varepsilon(a) = \{x \in \mathbb{R},\ a - \varepsilon < x < a + \varepsilon\} = \{x \in \mathbb{R},\ |x - a| < \varepsilon\}.$$

Nun besagt die Ungleichung $|a_n - a| < \varepsilon$ doch nichts anderes, als daß a_n in der symmetrischen Umgebung $U_\varepsilon(a)$ liegt. Daher können wir sagen:

„Die Zahlenfolge $\langle a_n \rangle$ konvergiert gegen a, wenn es zu jeder symmetrischen Umgebung $U_\varepsilon(a)$ von a ein n_0 gibt, so daß a_n in dieser Umgebung liegt für alle $n > n_0$."

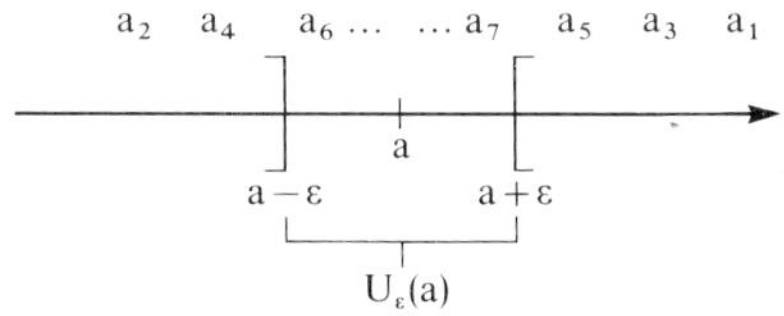

Abbildung 2.11

Auch diese Formulierung können wir wieder mit der Redewendung „fast alle" ausdrücken:

„Die Zahlenfolge $\langle a_n \rangle$ konvergiert gegen a, wenn in jeder symmetrischen Umgebung $U_\varepsilon(a)$ von a fast alle Folgenglieder a_n liegen."

2.3 Sätze über konvergente Zahlenfolgen und Konvergenzkriterien

Wir haben in den vorausgegangenen Beispielen zu konvergenten Zahlenfolgen den Grenzwert stets genannt. In der Regel ist es nicht leicht zu entscheiden, ob eine Zahlenfolge konvergiert und welchen Grenzwert sie gegebenenfalls haben könnte. Aber auch wenn man den Grenzwert richtig vermutet hat, muß der Nachweis, daß die Zahlenfolge tatsächlich gegen diese Zahl konvergiert, nicht so elementar sein wie in den voraufgegangenen Beispielen. Dazu ein Beispiel.

Beispiel 16: Sei $\langle a_n \rangle = \left\langle \frac{5n^3 + 3n^2 - 2}{2n^3 + 6n} \right\rangle$. Die Folge konvergiert gegen $\frac{5}{2}$.

Um das zu beweisen, wäre zu zeigen: Zu jedem $\varepsilon > 0$ gibt es ein n_0, so daß für alle $n > n_0$ gilt:

$$\left| \frac{5n^3 + 3n^2 - 2}{2n^3 + 6n} - \frac{5}{2} \right| < \varepsilon.$$

Es ist

$$\left| \frac{5n^3 + 3n^2 - 2}{2n^3 + 6n} - \frac{5}{2} \right| = \left| \frac{6n^2 - 30n - 4}{4n^3 + 12n} \right|.$$

Versuchen Sie einmal, ein n_0 zu finden, so daß für alle $n > n_0$ gilt:

$$\left| \frac{6n^2 - 30n - 4}{4n^3 + 12n} \right| < \varepsilon.$$

Hier helfen uns die sog. Grenzwertsätze weiter. Wir geben diese Sätze zunächst an und greifen dann das Beispiel wieder auf.

Sind $\langle a_n \rangle$ und $\langle b_n \rangle$ Zahlenfolgen, dann kann man aus diesen Folgen durch Anwendung von Rechenoperationen neue Folgen bilden:

$\langle s_n \rangle := \langle a_n + b_n \rangle$ heißt die **Summenfolge**.
$\langle d_n \rangle := \langle a_n - b_n \rangle$ heißt die **Differenzfolge**.
$\langle p_n \rangle := \langle a_n \cdot b_n \rangle$ heißt die **Produktfolge**.

Ist $b_n \neq 0$ für fast alle n, dann kann man für diese n die Folge $\langle q_n \rangle = \left\langle \frac{a_n}{b_n} \right\rangle$ bilden. Sie heißt **Quotientenfolge**.

Dann gilt der folgende Satz, dessen Aussagen unter dem Namen „Grenzwertsätze" bekannt sind:

Satz 2.4: Grenzwertsätze

Sind $\langle a_n \rangle$ und $\langle b_n \rangle$ konvergente Zahlenfolgen, $\lim_{n\to\infty} a_n = a$, $\lim_{n\to\infty} b_n = b$, dann gilt:

(1) $\langle a_n + b_n \rangle$ ist konvergent und $\lim_{n\to\infty} (a_n + b_n) = a + b$.

(2) $\langle a_n - b_n \rangle$ ist konvergent und $\lim_{n\to\infty} (a_n - b_n) = a - b$.

(3) $\langle a_n \cdot b_n \rangle$ ist konvergent und $\lim_{n\to\infty} (a_n \cdot b_n) = a \cdot b$.

(4) Ist $b \neq 0$ und $b_n \neq 0$ für fast alle n, dann ist $\left\langle \frac{a_n}{b_n} \right\rangle$ konvergent und $\lim_{n\to\infty} \left(\frac{a_n}{b_n} \right) = \frac{a}{b}$.

Wählt man für $\langle b_n \rangle$ eine konstante Folge, also $b_n = b$ für alle n, so gelten insbesondere die folgenden Aussagen:

Satz 2.5: Ist $\langle a_n \rangle$ eine konvergente Zahlenfolge, $\lim_{n\to\infty} a_n = a$ und $b \in \mathbb{R}$, dann gilt:

(1) $\lim_{n\to\infty} (a_n + b) = a + b$.

(2) $\lim_{n\to\infty} (a_n - b) = a - b$.

(3) $\lim_{n\to\infty} (a_n \cdot b) = a \cdot b$.

(4) Ist $b \neq 0$, so ist $\lim_{n\to\infty} \left(\frac{a_n}{b} \right) = \frac{a}{b}$.

Wir wollen diese Sätze auf die Folge $\langle a_n \rangle = \left\langle \frac{5n^3+3n^2-2}{2n^3+6n} \right\rangle$ anwenden.

Es ist

$$a_n = \frac{5n^3+3n^2-2}{2n^3+6n} = \frac{n^3\left(5+\frac{3}{n}-\frac{2}{n^3}\right)}{n^3\left(2+\frac{6}{n^2}\right)} = \frac{5+\frac{3}{n}-\frac{2}{n^3}}{2+\frac{6}{n^2}}.$$

Da gilt: $\lim\limits_{n\to\infty} \frac{3}{n}=0$, $\lim\limits_{n\to\infty} \frac{2}{n^3}=0$, folgt aus den Grenzwertsätzen

$$\lim_{n\to\infty}\left(5+\frac{3}{n}-\frac{2}{n^3}\right)=5+\lim_{n\to\infty}\frac{3}{n}-\lim_{n\to\infty}\frac{2}{n^3}=5$$

und analog

$$\lim_{n\to\infty}\left(2+\frac{6}{n^2}\right)=2+\lim_{n\to\infty}\frac{6}{n^2}=2.$$

Insgesamt erhalten wir dann:

$$\lim_{n\to\infty}\frac{5+\frac{3}{n}-\frac{2}{n^3}}{2+\frac{6}{n^2}}=\frac{5}{2}.$$

Bemerkung: Die Grenzwertsätze besagen, daß, falls $\langle a_n \rangle$ und $\langle b_n \rangle$ konvergent sind, auch $\langle a_n + b_n \rangle$, $\langle a_n - b_n \rangle$, $\langle a_n \cdot b_n \rangle$ und $\left\langle \frac{a_n}{b_n} \right\rangle$ konvergent sind (letztere Folge falls $b \neq 0$ und $b_n \neq 0$ für fast alle n). Man darf die Aussagen natürlich nicht umkehren.

Aus $\langle a_n + b_n \rangle$ konvergent folgt *nicht*, daß $\langle a_n \rangle$ und/oder $\langle b_n \rangle$ konvergent sind.

Beispiel 17: $\langle a_n \rangle = \langle n \rangle$, $\langle b_n \rangle = \langle -n \rangle$. Dann ist $\langle a_n + b_n \rangle = \langle 0 \rangle$ also konvergent, aber weder $\langle a_n \rangle$ noch $\langle b_n \rangle$ sind konvergent.

Aus $\langle a_n \cdot b_n \rangle$ konvergent folgt *nicht*, daß $\langle a_n \rangle$ und/oder $\langle b_n \rangle$ konvergent sind.

Beispiel 18: $\langle a_n \rangle = \langle n \rangle$, $\langle b_n \rangle = \left\langle \frac{1}{n^2} \right\rangle$. Dann ist $\langle a_n \cdot b_n \rangle = \left\langle \frac{n}{n^2} \right\rangle = \left\langle \frac{1}{n} \right\rangle$ konvergent, aber $\langle a_n \rangle$ nicht.

Auch durch Wurzelziehen kann man aus einer Folge $\langle a_n \rangle$ eine neue Folge bilden. Ist $a_n \geq 0$ für fast alle n, dann kann man für diese n die Folge $\langle \sqrt{a_n} \rangle$ bilden. Es gilt dann:

Satz 2.6: Ist $\langle a_n \rangle$, $a_n \geq 0$ eine konvergente Zahlenfolge, $\lim\limits_{n\to\infty} a_n = a$, so ist auch $\langle \sqrt{a_n} \rangle$ konvergent und $\lim\limits_{n\to\infty} \sqrt{a_n} = \sqrt{a}$.

In vielen Situationen, insbesondere bei der Betrachtung von rekursiv definierten Folgen, ist es in der Regel schwierig, Vermutungen über das Konvergenzverhalten einer Zahlenfolge zu finden.

<u>*Beispiel 19:*</u> Sei $a_1 = 1$ und $a_{n+1} = \sqrt{a_n + 5}$ für $n \geq 1$. Wir untersuchen die Folge $\langle a_n \rangle$ auf Konvergenz.
Die ersten Folgenglieder lauten:

$$a_1 = 1, \quad a_2 = \sqrt{6}, \quad a_3 = \sqrt{\sqrt{6}+5}, \quad a_4 = \sqrt{\sqrt{\sqrt{6}+5}+5}.$$

Haben Sie eine Vermutung, ob die Folge konvergiert? Nein?
Hier hilft uns der sog. Satz über monotone Folgen weiter:

Satz 2.7: Satz über monotone Folgen
Eine nach oben beschränkte monoton wachsende Zahlenfolge ist konvergent.
Eine nach unten beschränkte monoton fallende Zahlenfolge ist konvergent.

Die Folge unseres Beispiels erfüllt die Voraussetzungen dieses Satzes. Wir zeigen:

1. *$\langle a_n \rangle$ ist monoton wachsend.*

Zu zeigen ist: Für alle $n \in \mathbb{N}$ ist $a_n \leq a_{n+1}$.
Führen Sie den Beweis zur Übung selbst mit vollständiger Induktion.

2. *$\langle a_n \rangle$ ist nach oben beschränkt.* Es ist $a_n < 3$ für alle n.

Führen Sie den Beweis zur Übung selbst mit vollständiger Induktion.
Wir wissen jetzt also, daß die Zahlenfolge unseres Beispiels konvergiert. Aber gegen welchen Grenzwert? Diese Frage ist im Unterricht wahrscheinlich nicht behandelt worden.
Wir wollen die Frage hier beantworten, da das keine Mühe macht. Wir wissen, daß $\langle a_n \rangle$ konvergent ist, $\lim\limits_{n \to \infty} a_n = a$.

Aus $a_{n+1} = \sqrt{a_n + 5}$ folgt durch Quadrieren $a_{n+1}^2 = a_n + 5$.
Es ist $\lim\limits_{n \to \infty} a_{n+1}^2 = a^2$. Mit Hilfe der Grenzwertsätze folgt dann

$$a^2 = \lim_{n \to \infty} a_{n+1}^2 = \lim_{n \to \infty} a_n + 5 = a + 5.$$

Der Grenzwert a erfüllt also die Gleichung $a^2 = a + 5$, die äquivalent ist zu der Gleichung $a^2 - a - 5 = 0$. Auflösen dieser quadratischen Gleichung liefert $a = \frac{1+\sqrt{21}}{2}$. Der Wert $a = \frac{1-\sqrt{21}}{2}$, der ebenfalls eine Lösung der quadratischen Gleichung ist, scheidet aus, da dann $a < 0$ wäre, was wegen $a_n > 0$ für alle n, nicht möglich ist.

Wir haben nun Sätze kennengelernt, mit deren Hilfe man Folgen auf Konvergenz untersuchen kann und manchmal auch Grenzwerte bestimmen kann, ohne auf die Definition der Konvergenz zurückgreifen zu müssen. Ein weiterer solcher Satz ist das sog. Einschließungskriterium.

Satz 2.8: Einschließungskriterium
Es seien $\langle a_n \rangle$, $\langle b_n \rangle$ und $\langle c_n \rangle$ Zahlenfolgen, für die $a_n \leq b_n \leq c_n$ gelte für fast alle n, d.h. für alle n von einem $m \in \mathbb{N}$ an. Sind dann $\langle a_n \rangle$ und $\langle c_n \rangle$ konvergent gegen den gleichen Grenzwert a, dann konvergiert auch $\langle b_n \rangle$ gegen a.

Der Satz scheint eine Selbstverständlichkeit zu sein. Er leistet aber bei vielen Konvergenzbeweisen eine wertvolle Hilfe.

Beispiel 20: Bei den Beispielen für rekursiv definierte Folgen hatten wir die Folge $\langle b_n \rangle$ mit $b_1 = 1$, $b_{n+1} = \frac{1}{2}\left(b_n + \frac{2}{b_n}\right)$ für $n \geq 1$ angeführt und gesagt, daß sie gegen $\sqrt{2}$ konvergiere. Zum Nachweis der Behauptung kann man so vorgehen wie im Beispiel 19.
Es ist $\langle b_n \rangle$ für $n > 1$ monoton fallend und nach unten beschränkt durch 1, also nach dem Hauptsatz über monotone Folgen konvergent. Sei b der Grenzwert von $\langle b_n \rangle$. Es ist $b > 0$. Aus der Gleichung $b_{n+1} = \frac{1}{2}\left(b_n + \frac{2}{b_n}\right)$ kann man dann mit Hilfe der Grenzwertsätze schließen:

$$b = \lim_{n \to \infty} b_{n+1} = \frac{1}{2}\left(\lim_{n \to \infty} b_n + \frac{2}{\lim\limits_{n \to \infty} b_n}\right) = \frac{1}{2}\left(b + \frac{2}{b}\right).$$

Aus dieser Gleichung erhält man die Beziehung $b^2 = 2$, also $b = \sqrt{2}$.
Das Einschließungskriterium liefert eine andere Beweismöglichkeit.
Es gilt: Für alle $n \geq 2$ ist $2 \leq b_n^2 \leq 2 + \frac{1}{2^n}$.
Setzen wir $\langle a_n \rangle = \langle 2 \rangle$ (das ist die konstante Folge $a_n = 2$ für alle n) und $\langle c_n \rangle = \left\langle 2 + \frac{1}{2^n} \right\rangle$, so folgt:

$$\lim_{n \to \infty} a_n = \lim_{n \to \infty} c_n = 2.$$

Aus $a_n \leq b_n^2 \leq c_n$ für alle $n \geq 2$ folgt dann aus dem Einschließungskriterium $\lim\limits_{n \to \infty} b_n^2 = 2$ und aus dem Satz 2.6 dann $b = \sqrt{2}$.

Abschlußtest

Aufgabe 1: Untersuchen Sie die folgenden Zahlenfolgen auf Monotonie und Beschränktheit.

a) $\langle a_n \rangle = \left\langle \frac{n-1}{n+1} \right\rangle$.

b) $\langle a_n \rangle = \left\langle \left(-\frac{2}{3}\right)^n \right\rangle$.

c) $\langle a_n \rangle = \left\langle \frac{4}{n} + \frac{n}{4} \right\rangle$.

d) $\langle a_n \rangle$ sei rekursiv definiert durch $a_1 = 1$, $a_{n+1} = \sqrt{a_n + 2}$.

Aufgabe 2: Untersuchen Sie, ob folgende Aussagen zutreffen.

a) Ist eine Zahlenfolge $\langle a_n \rangle$ (streng) monoton wachsend, so ist die Folge $\langle -a_n \rangle$ (streng) monoton fallend.

b) Ist eine Zahlenfolge $\langle a_n \rangle$ monoton, so ist auch die Zahlenfolge $\langle |a_n| \rangle$ monoton.

c) Eine Zahlenfolge $\langle a_n \rangle$ ist monoton wachsend, falls $\frac{a_{n+1}}{a_n} \geq 1$ für alle $n \in \mathbb{N}$ gilt.

d) Ist die Zahlenfolge $\langle a_n \rangle$ beschränkt, so ist auch die Zahlenfolge $\langle |a_n| \rangle$ beschränkt.

Aufgabe 3: Beim Durchdringen einer Glasplatte verliert Licht 6% seiner Intensität.

a) Der Lichtstrahl durchdringe 8 Platten dieser Art. Wieviel Prozent seiner ursprünglichen Intensität hat er verloren?

b) Wieviel Platten muß man aufstellen, damit die Intensität des Lichtstrahls beim Durchdringen dieser Platten auf 10% der ursprünglichen Intensität absinkt?

Aufgabe 4: Zeigen Sie, daß die reelle Zahl a *nicht* Grenzwert der Folge $\langle a_n \rangle$ sein kann.

a) $\langle a_n \rangle = \left\langle 3 - \left(\frac{1}{2}\right)^n \right\rangle$; $a = 2{,}9$.

b) $\langle a_n \rangle = \langle 1 + (-1)^n \rangle$; $a = 0$.

Aufgabe 5: Der Satz über monotone Folgen besagte, daß jede nach oben beschränkte monoton wachsende und jede nach unten beschränkte monoton fallende Zahlenfolge konvergent ist. Widerlegen Sie die folgenden Sätze durch Gegenbeispiele.

a) Jede konvergente Folge ist monoton.

b) Jede monotone Folge ist konvergent.

c) Jede beschränkte Folge ist konvergent.

3. Kapitel: Reelle Funktionen

Dieses Kapitel beschäftigt sich mit der Einführung des eigentlichen Untersuchungsgegenstandes der Analysis, den reellen Funktionen. Kenntnisse über Funktionen besitzen Sie sicher, z. B. kennen Sie Geraden und Parabeln (und die zugehörigen Funktionsgleichungen) aus der Sekundarstufe I. In diesem Kapitel werden diese Kenntnisse wiederholt, vervollständigt und systematisiert. Wir beginnen mit der Klärung des grundlegenden Begriffs:

3.1 Der Begriff „reelle Funktionen"

Beispiel 1: Mieter Müller hat Sorgen; er bezieht eine 5-Raum-Wohnung und muß dem Elektroversorgungsunternehmen (EVU) den Strompreistarif angeben, nach dem seine Stromrechnung erstellt werden soll. Das EVU bietet folgendes Tarifsystem an:

	Tarif I	Tarif II	Kleinst-verbrauchtarif
Arbeitspreis	0,18 DM/kWh	0,15 DM/kWh	0,54 DM/kWh
Bereitstellungspreis je Abrechnungsjahr … … für die ersten zwei Räume	104,40 DM/kWh	184,80 DM/kWh	–
… für jeden weiteren Raum	19,20 DM/kWh	39,– DM/kWh	–
Verrechnungspreis je Abrechnungsjahr für einen Stromzähler	36,– DM	36,– DM	36,– DM

Mieter Müller schätzt seinen Jahresstromverbrauch auf 4500 kWh. Welchen Tarif soll er wählen? Um eine sachgerechte Entscheidung treffen zu können, muß er den bei diesen Vorgaben zu zahlenden Preis berechnen und zwar auf dreierlei Weise, nämlich nach jedem der angebotenen Tarife:

P_I, der Preis, der bei der Wahl von Tarif I zu zahlen ist, ergibt sich aus

- 36,– DM Zählermiete,
- 104,40 DM Bereitstellungspreis für die ersten 2 Räume
- $3 \cdot 19{,}20$ DM Bereitstellungspreis für weitere 3 Räume
- $4500 \cdot 0{,}18$ DM Arbeitspreis für 4500 kWh Verbrauch.

Also: P_I (bei 4500 kWh Verbrauch) $= (36{,}- + 104{,}40 + 57{,}60 + 810)$ DM
$= 1008$ DM

Analog die Preisberechnung nach Tarif II:

P_{II} (bei 4500 kWh Verbrauch) = (36,– + 184,80 + 3 · 39,– + 4500 · 0,15) DM
= 1012,80 DM

Schließlich nach dem Kleinstverbrauchtarif:

P_k (bei 4500 kWh Verbrauch) = (36,– + 4500 · 0,54) DM
= 2709,– DM

Mieter Müller wählt natürlich Tarif I. Er wäre nun in der Lage, seine Stromrechnung genau vorherzusagen, wenn er nur genau wüßte, wie hoch sein tatsächlicher Stromverbrauch im Ablesungszeitraum sein wird. Denn zu jedem Verbrauch kann nun eindeutig ein Preis nach Tarif I berechnet werden

Jahresverbrauch	Preis
4000 kWh	⟶ P_I (4000 kWh) = 918,– DM
4250 kWh	⟶ P_I (4250 kWh) = 963,– DM
4500 kWh	⟶ P_I (4500 kWh) = 1008,– DM
4750 kWh	⟶ P_I (4750 kWh) = 1053,– DM
5000 kWh	⟶ P_I (5000 kWh) = 1098,– DM

kürzere Darstellung

Jahresverbrauch [kWh]	Preis [DM]
4000	918
4250	963
4500	1008
4750	1053
5000	1098

Hier liegt eine **Funktion** vor, eine Zuordnung, die jedem Element aus der sogenannten Definitionsmenge $\mathbb{D}$, hier die Menge der möglichen Angaben über den jährlichen Stromverbrauch, *genau ein* Element aus der sogenannten Wertemenge $\mathbb{W}$, hier Preise, zuordnet. Die Vorschriften des Tarifs I sind die **Funktionsvorschrift**, der zu zahlende Preis ist **Funktionswert** des Jahresverbrauchs, er wird in Abhängigkeit vom Jahresverbrauch bestimmt. Benannt haben wir die Funktion P_I: Stromverbrauchspreis, in Abhängigkeit vom Jahresverbrauch, berechnet nach den Vorschriften des Tarifs I.

Mathematik beschäftigt sich nur am Rande mit Mieter Müller, Mathematik versucht vielmehr, die Strukturen des Problems von Mieter Müller zu erkennen und in ihrer Sprache zu beschreiben. Bei der Umsetzung des obigen Problems in mathematische Abstraktion stößt man sofort darauf, daß eigentlich nur Zuordnungen zwischen zwei Zahlenmengen betrachtet werden: Jeder Zahl der einen Menge wird eindeutig eine Zahl der anderen Menge zugeordnet. Solche eindeutigen Zuordnungen nennt man Funktionen.

Definition 3.1: Eine Zuordnung, die jedem Element einer Teilmenge $\mathbb{D}$ der reellen Zahlen genau eine reelle Zahl zuordnet, heißt **reelle Funktion** mit dem **Definitionsbereich** $\mathbb{D}$. Die Menge der zugeordneten Zahlen nennt man **Wertebereich** $\mathbb{W}$ der Funktion. Man schreibt: „$f: \mathbb{D} \to \mathbb{W} \subseteq \mathbb{R}$“ und sagt auch: „f bildet $\mathbb{D}$ in $\mathbb{R}$ ab“. Ist $x_0 \in \mathbb{D}$, dann bezeichnet man die zugeordnete Zahl mit $f(x_0)$ und nennt sie „Funktionswert an der Stelle x_0“.
Zur Darstellung der Funktion benutzt man folgende Symbolik:

$$f: \quad x \to f(x); \quad x \in \mathbb{D}.$$

Beispiel 2: Durch Abstraktion gewinnt man aus den Vorschriften des Tarifs I folgende Funktion:

$$f:\quad x \to f(x) = 0{,}18\,x + (36 + 104{,}40 + 3 \cdot 19{,}20), \quad x \in \mathbb{R}^+$$
$$= 0{,}18\,x + 198$$

Merke: Eine Funktion muß nicht f heißen! „P_I" aus Beispiel 1 heißt in Beispiel 2 „f" und wird weiter unten auch mit „g" bezeichnet.

Eine Funktion läßt sich *darstellen*

als Funktionsgraph in einem Koordinatensystem:

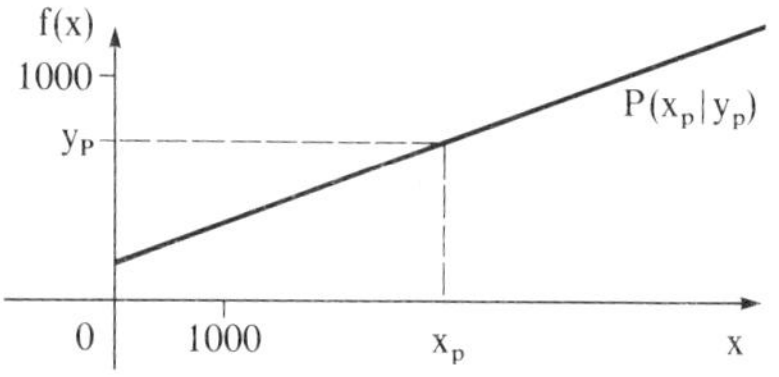

Abbildung 3.1

durch eine Wertetabelle:

x	f(x) = 0,18 x + 198
100	216
1000	378
3000	738
4000	918
4250	963

Ein Punkt $P(x_p/y_p)$ liegt auf dem Graphen der Funktion f genau dann, wenn gilt: $y_p = f(x_p)$.
Sind keine Angaben über den Definitionsbereich einer Funktion f gemacht, nimmt man gemeinhin den *maximal* möglichen Definitionsbereich an, den man auch mit $\mathbb{D}_{max}$ oder $\mathbb{D}_f$ bezeichnet.

Anmerkung: Nicht jede Kurve im Koordinatensystem stellt einen Funktionsgraphen dar!

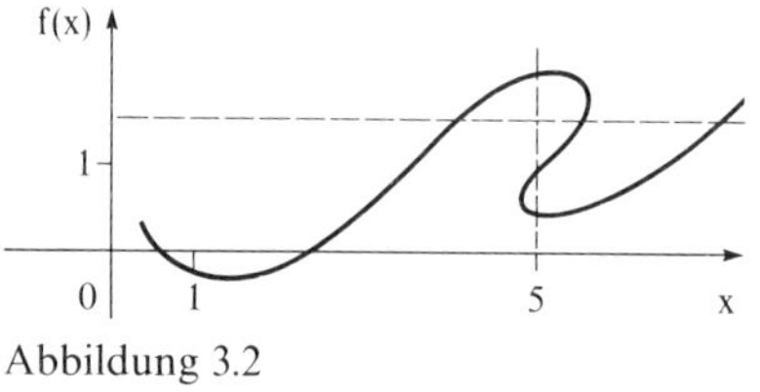

Abbildung 3.2

Beispiel 3: Hier ist die Bedingung verletzt, daß jedem Element aus $\mathbb{D}$ genau eine reelle Zahl zugeordnet wird: $x_0 = 5$ hat als zugeordnete Zahl nicht genau eine, sondern gleich drei: $\frac{1}{2}$, 1 und 2.

Daß 1,5 als „Funktionswert" dreier Argumente (nämlich 4; 5,5 und 7) auftritt, verletzt die angegebene Bedingung nicht: sowohl $x_1 = 4$, $x_2 = 5{,}5$ wie auch $x_3 = 7$ wird genau eine Zahl zugeordnet (wenn auch dieselbe): „$f(x_1)$" = „$f(x_2)$" = „$f(x_3)$" = 1,5.

Merke: Auf einer Parallelen zur x-Achse können mehrere Kurvenpunkte liegen, auf einer Parallelen zur Funktionswertachse darf höchstens ein Punkt des Graphen einer Funktion liegen!

3.2 Lineare Funktionen

Der Funktionsgraph der Strompreisfunktion P_I (vgl. Beispiel 1 und 2) ist eine Gerade, die Funktion P_I heißt eine lineare Funktion.

Definition 3.2: Eine Funktion $g: x \to g(x) = m \cdot x + b$; $x \in \mathbb{D}_0$, $m \in \mathbb{R}$ heißt **lineare Funktion**.
Die Funktionsgleichung nennt man **Geradengleichung**, m heißt **Steigung** und b **Achsenabschnitt** der Funktion g.

Für die Strompreisfunktion P_I erhält man die Geradengleichung $g(x) = 0{,}18\,x + 198$, der Funktionsgraph hat den Achsenabschnitt 198 und die Steigung 0,18. Der Achsenabschnitt gibt die y-Koordinate des Schnittpunktes der Geraden mit der Funktionswertachse an (denn $g(0) = b$). Die Steigung m kann bestimmt werden mit Hilfe des Steigungsdreiecks zu zwei beliebig ausgewählten Punkten auf der Geraden:

$$m = \frac{g(x_q) - g(x_p)}{x_q - x_p} = \frac{g(x_r) - g(x_p)}{x_r - x_p} \left(= \frac{g(x_r) - g(x_q)}{x_r - x_q} \right)$$

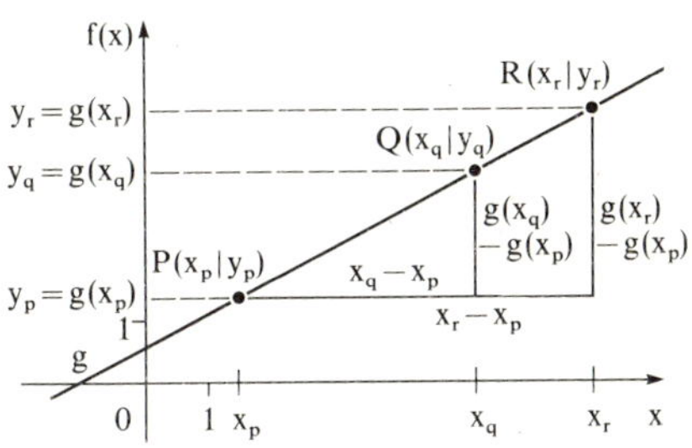

Abbildung 3.3

Mit diesen beiden geometrischen Deutungen ist es einfach, den Graphen einer linearen Funktion mit der Geradengleichung $g(x) = mx + b$ schnell zu zeichnen:

- Zeichne den Punkt (0/b), er liegt auf der Geraden g.
- Gehe 1 (2, …, allgemein k) Schritte von (0/b) parallel zur x-Achse und von dort $1 \cdot m$ ($2 \cdot m$, …, allgemein $k \cdot m$) Schritte parallel zur Funktionswertachse. So erhält man einen zweiten Punkt, der auf der Geraden g liegt.
- Zeichne die Gerade g durch (0/b) und durch diesen zweiten Punkt.

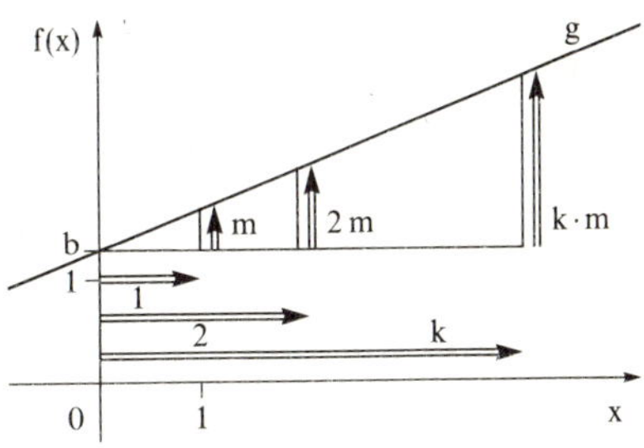

Abbildung 3.4

Aufgabe 1: Gegeben ist P(2/1) und $m = 3$, betrachtet wird die Gerade g mit der Steigung m.

a) Prüfen Sie, ob Q(4/7) auf g liegt.

Hinweis: Nicht die Geradengleichung berechnen, sondern das Steigungsdreieck betrachten.

b) Geben Sie eine Bedingung für einen Punkt $Q(x_q/y_q)$, an, die es ermöglicht, schnell nachzuprüfen, ob Q auf g liegt.

Durch Verallgemeinerung der Lösungsschritte der Aufgabe 1 erhält man die Punkt-Steigungs-Form der Geradengleichung:

Satz 3.1: Punkt-Steigungs-Form der Geradengleichung
Liegt $P(x_p/y_p)$ auf einer Geraden mit der Steigung m, dann liegt ein Punkt Q(x/y) genau dann auf g, wenn gilt:

$$y - y_p = m \cdot (x - x_p).$$

Aufgabe 2: Gegeben sind die beiden Punkte P(3/2) und Q(5/6). Betrachtet wird die Gerade g durch P und Q.

a) Bestimmen Sie die Steigung von g.

b) Prüfen Sie, ob R(8/12) auf g liegt.

Hinweis: Sie müssen die Geradengleichung nicht bestimmen, sondern nur Steigungen betrachten!

c) Geben Sie eine Bedingung für einen Punkt $R(x_r/y_r)$ an, die es ermöglicht, schnell nachzuprüfen, ob R auf g liegt.

Durch Verallgemeinerung der Lösungsschritte der Aufgabe 2 erhält man die Zwei-Punkte-Form der Geradengleichung:

Satz 3.2: Zwei-Punkte-Form der Geradengleichung
Liegen $P(x_p/y_p)$ und $Q(x_q/y_q)$ auf einer Geraden g, dann liegt ein dritter Punkt R(x/y) genau dann auf g, wenn gilt:

$$(y - y_p) = \frac{(y_q - y_p)}{(x_q - x_p)} \cdot (x - x_p).$$

Vielleicht war es Ihre ursprüngliche Absicht, bei den Aufgaben 1 und 2 entgegen den Hinweisen zunächst die Geradengleichungen aus den vorgegebenen Angaben für g zu bestimmen. Das ist natürlich auch möglich durch Lösen des entstehenden Gleichungssystems:

zu Aufgabe 1:

(1) $P(2/1) \in g$ bedeutet:

$g(2) = 1 = m \cdot 2 + b$

(2) Steigung 3 bedeutet:

$m = 3$

also $b = -5$

zu Aufgabe 2:

(1) $P(3/2) \in g$ bedeutet:

$g(3) = 2 = m \cdot 3 + b$

(2) $Q(5/6) \in g$ bedeutet:

$g(5) = 6 = m \cdot 5 + b$

also $m = 2$ und $b = -4$

Geometrische Aussagen über zwei Geraden g_1 und g_2 haben ihre Entsprechung in algebraischen Aussagen über die zugehörigen Funktionsgleichungen $g_1(x) = m_1 \cdot x + b_1$ und $g_2(x) = m_2 \cdot x + b_2$. Hier ist insbesondere Parallelität und Orthogonalität (das Senkrechtstehen) zweier Geraden von Bedeutung:

Satz 3.3: Für zwei Geraden $g_1: g_1(x) = m_1 \cdot x + b_1$ und $g_2: g_2(x) = m_2 \cdot x + b_2$ gilt:

g_1 parallel zu g_2 ($g_1 \parallel g_2$) genau dann, wenn $m_1 = m_2$;
g_1 senkrecht auf g_2 ($g_1 \perp g_2$) genau dann, wenn $m_1 \cdot m_2 = -1$.

Die erste Aussage ist unmittelbar einsichtig, zum Beweis der zweiten verweisen wir Sie auf Ihr Lehrbuch.
Wahrscheinlich ist in Ihrem Unterricht im Zusammenhang mit der Behandlung von Geraden auch durch Anwendung des Satzes von Pythagoras am Steigungsdreieck die Abstandsformel für den Abstand $|PQ|$ zweier Punkte $P(x_p/y_p)$ und $Q(x_q/y_q)$ im Koordinatensystem behandelt worden:

Satz 3.4: Für zwei Punkte $P(x_p/y_p)$ und $Q(x_q/y_q)$ gilt für den **Abstand** $|PQ|$:

$$|PQ| = \sqrt{(y_q - y_p)^2 + (x_q - x_p)^2}.$$

Ein Spezialfall einer linearen Funktion ist eine Funktion, deren Graph eine Parallele zur x-Achse ist, z. B.:

$$f: \quad x \to f(x) = 3, \quad x \in \mathbb{R}.$$

Hier beträgt die Steigung m der Geraden Null. Es ist $b = 3$. Jedem Argument wird die gleiche Zahl (im Beispiel die Zahl 3) zugeordnet.

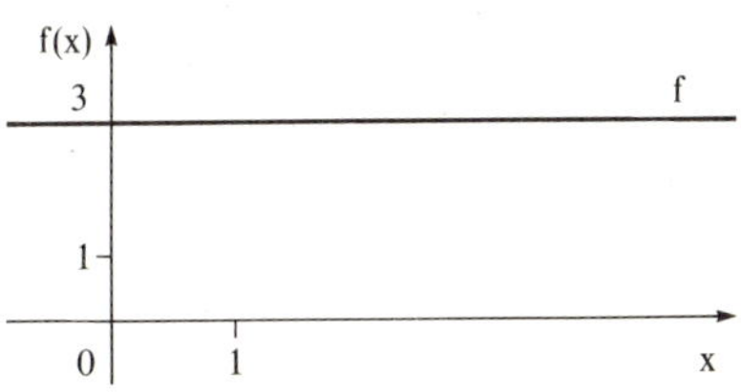

Abbildung 3.5

Definition 3.3: f: $x \to f(x) = b$; $x \in \mathbb{R}$ ($b \in \mathbb{R}$ fest) heißt **konstante Funktion**.

Anmerkung: Eine zur Funktionswertachse parallele Gerade kann bekanntlich nicht Graph einer Funktion sein (vgl. Beispiel 3). Hier gibt es eine andere formale Beschreibung:

$$x = k; \quad (k \in \mathbb{R} \text{ fest})$$

(hier: $x = 4$). So bezeichnet wird die Menge aller Punkte (x/y), bei denen die x-Koordinate eine feste Zahl k (im Beispiel die Zahl 4) und die y-Koordinate beliebig ist.

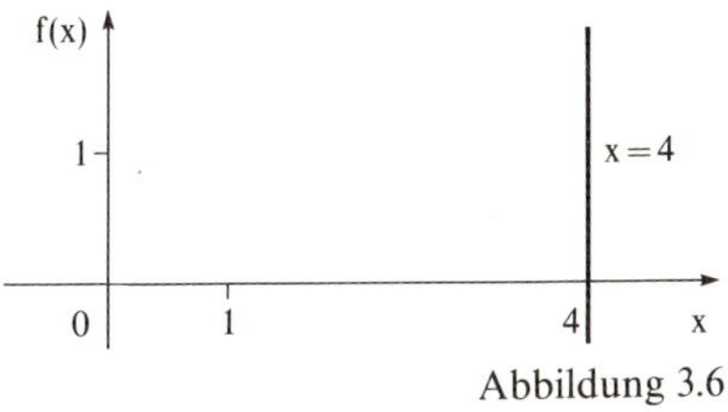

Abbildung 3.6

Aufgabe 3: Gegeben sind die Punkte A(1/6) und B(5/3) und die Gerade g mit der Geradengleichung $g(x) = \frac{2}{5} \cdot x + 1$.

a) Zeigen Sie, daß B auf g liegt.
b) Bestimmen Sie den Abstand |AB|.
c) Geben Sie die Gleichungen für die Parallelen zu den Koordinatenachsen durch A an.
d) Geben Sie die Geradengleichung der zu g parallelen Geraden h durch A an.
e) Geben Sie die Geradengleichung der zu g in B orthogonalen Geraden $g_\perp$ an.

3.3 Quadratische Funktionen

Definition 3.4: Eine reelle Funktion $f: x \to f(x) = ax^2 + bx + c$; $x \in \mathbb{R}$ ($a, b, c \in \mathbb{R}$ fest, $a \neq 0$) heißt **quadratische Funktion**, ihren Graphen nennt man **Parabel**.
Der Graph der quadratischen Funktion mit der Funktionsgleichung $f(x) = x^2$ heißt **Normalparabel**.
Den tiefsten Punkt einer nach oben geöffneten bzw. den höchsten Punkt einer nach unten geöffneten Parabel nennt man **Scheitelpunkt**.

Jede Parabel ist achsensymmetrisch zu einer Parallelen zur Funktionswertachse durch ihren Scheitelpunkt.

Die Parabel ist nach $\begin{Bmatrix} \text{oben} \\ \text{unten} \end{Bmatrix}$ geöffnet, wenn $\begin{Bmatrix} a > 0 \\ a < 0 \end{Bmatrix}$ gilt.

Ist $\begin{Bmatrix} |a| < 1 \\ |a| = 1, \\ |a| > 1 \end{Bmatrix}$ so ist die Öffnung $\begin{Bmatrix} \text{weiter als die} \\ \text{gleich der} \\ \text{enger als die} \end{Bmatrix}$ Öffnung der Normalparabel.

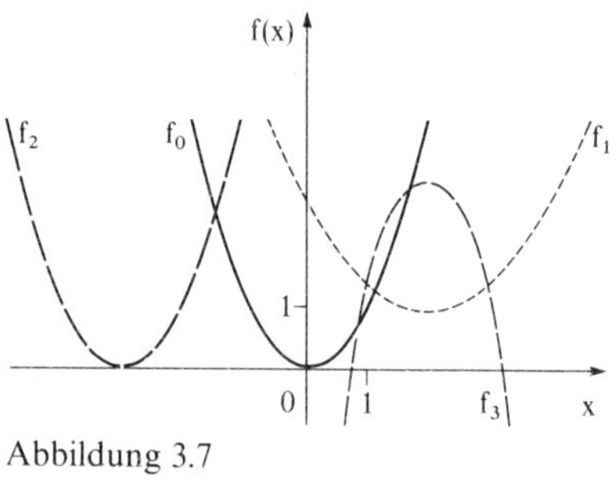

Abbildung 3.7

Beispiel 4:
- $f_0: x \to f_0(x) = x^2$ ist eine quadratische Funktion: $a = 1$, $b = c = 0$
- mit $a = 0{,}5$, $b = -2$ und $c = 3$ ergibt sich $f_1(x) = 0{,}5x^2 - 2x + 3$
- $f_2(x) = x^2 + 6x + 9$
- $f_3(x) = -2 \cdot (x-2)^2 + 3$.

Aufgabe 4: Begründen Sie, daß auch f_3 eine quadratische Funktion ist.

Hinweis: Geben Sie die Koeffizienten a, b, c in der obigen Definition an.

Den Scheitelpunkt S einer Parabel kann man aus der **Scheitelpunktsform der Parabelgleichung** $f(x)=k\cdot(x-x_S)^2+y_S$ ablesen: $S(x_S/y_S)$.

Begründung am Beispiel 4: $f_3(x)=-2\cdot(x-2)^2+3$ mit $S(2/3)$:

Betrachtet man das Argument $x_S=2$, so ist der zugehörige Funktionswert $y_S=f(x_S)=f_3(2)=3$ und somit $S(2/3)$ Punkt der Parabel.
Er ist auch höchster Punkt dieser Parabel, denn bei jedem anderen Argument ergibt sich ein Funktionswert $f_3(x)$ kleiner als 3: Für $x \neq 2$ gilt: $(x-2)^2>0$. Daraus folgt: $-2\cdot(x-2)^2<0$ und daraus $-2\cdot(x-2)^2+3<3$, also $f_3(x)<3$.
Also ist $S(2/3)$ Scheitelpunkt der zur quadratischen Funktion f_3 gehörenden Parabel.

Man kann die Funktionsgleichung jeder quadratischen Funktion in die Scheitelpunktsform umformen, wie folgender Algorithmus, durchgeführt am Beispiel f_1, zeigt:

$f_1(x)=0{,}5x^2-2x+3$	Ausklammern des Koeffizienten von x^2 aus den ersten beiden Summanden des Funktionsterms
$=0{,}5\cdot(x^2-4x)+3$	quadratische Ergänzung innerhalb der Klammer
$=0{,}5\cdot(x^2-4x+4-4)+3$	in der Klammer binomische Formel anwenden und ausmultiplizieren
$=0{,}5\cdot(x-2)^2-0{,}5\cdot 4+3$	
$=0{,}5\cdot(x-2)^2+1$	

Beachte: Nur Termumformungen anwenden, keine Äquivalenzumformungen (um die Funktionsvorschrift nicht zu verändern)!

Es zeigt sich, daß der Koeffizient 0,5 von x^2 sowohl in der Normalform als auch in der Scheitelpunktsform unverändert auftritt: Der Koeffizient k aus der Scheitelpunktsform erlaubt also die gleichen Aussagen über die Form der Parabel wie der Koeffizient a in der Normalform:

Ist $\left\{\begin{matrix} k>0 \\ k<0 \end{matrix}\right\}$, so ist die Parabel nach $\left\{\begin{matrix} \text{oben} \\ \text{unten} \end{matrix}\right\}$ geöffnet.

Ist $\left\{\begin{matrix} |k|<1, \text{ so ist sie weiter geöffnet als die} \\ |k|=1, \text{ so hat sie die gleiche Öffnung wie die} \\ |k|>1, \text{ so ist die Öffnung enger als die der} \end{matrix}\right\}$ Normalparabel.

Aufgabe 5: Berechnen Sie jeweils die Koordinaten der Scheitelpunkte der Parabeln, die zu den Funktionen mit folgenden Funktionsgleichungen gehören:

a) $f(x)=-0{,}5x^2-3x-2{,}5$

b) $f(x)=\frac{1}{3}\cdot x^2-2x+3$

c) $f(x)=4\cdot(x-1)\cdot(x+4)$

Aufgabe 6: Bestimmen Sie die Funktionsgleichungen zu den Parabeln, die durch folgende Angaben bestimmt sind:

a) A(−2/3), B(0/4) und C(4/0) sind Punkte der Parabel.

b) S(−1/−2) ist Scheitelpunkt der Parabel. P(3/6) liegt auf der Parabel.

c) Die Parabel schneidet die Funktionswertachse im Punkt (0/−3), sie ist nach unten geöffnet mit gleichweiter Öffnung wie die Normalparabel, und ihr Scheitelpunkt liegt auf der Parallelen zur Funktionswertachse $x=3$.

Aufgabe 7:

a) Kennzeichnen Sie durch einen Funktionsterm all die Parabeln, deren Scheitelpunkt die x-Koordinate 3 hat und die die Funktionswertachse in (0/−3) schneiden.

b) Eine Parabel schneidet die x-Achse in (1/0) und (5/0). Welche Aussage über die Lage des Scheitelpunktes ist möglich?

c) Kennzeichnen Sie in Abhängigkeit vom Parameter x_S (der x-Koordinate des Scheitelpunktes) die Parabeln, deren Scheitelpunkt auf der Winkelhalbierenden des 1. und 3. Quadranten liegt, und die durch den Koordinatenursprung gehen.

3.4 Potenzfunktionen

> **Definition 3.5:** Eine reelle Funktion $f: x \rightarrow f(x)=x^n$; $x \in \mathbb{R}$ ($n \in \mathbb{N}$ fest), heißt **Potenzfunktion**; n heißt **Grad** der Potenzfunktion.

Die einfachste Potenzfunktion (mit $n=1$, also vom Grad 1) ist die Gerade mit der Funktionsgleichung $g(x)=x$ (also die Winkelhalbierende des 1. und 3. Quadranten des Koordinatensystems), die nächst einfache (vom Grad 2) die Normalparabel $f(x)=x^2$.

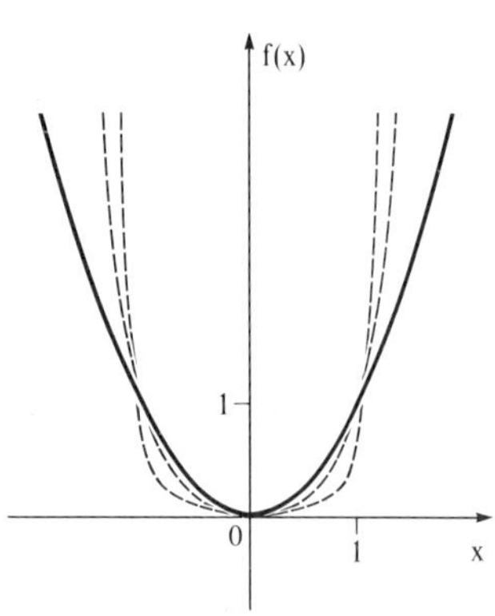

a) Die Graphen der Potenzfunktionen für gerade Exponenten ähneln alle der Normalparabel. Hier ist $\mathbb{W}=\mathbb{R}^+$. Sie sind achsensymmetrisch zur Funktionswertachse und für $x \leq 0$ streng monoton fallend, für $x \geq 0$ streng monoton steigend.

Abbildung 3.8a

b) Die Graphen der Potenzfunktionen von ungeradem Grad ähneln alle dem Graphen der Funktion $f(x)=x^3$, $x \in \mathbb{R}$. Hier ist $\mathbb{W}=\mathbb{R}$. Sie sind punktsymmetrisch zum Koordinatenursprung und streng monoton steigend auf ganz $\mathbb{R}$.

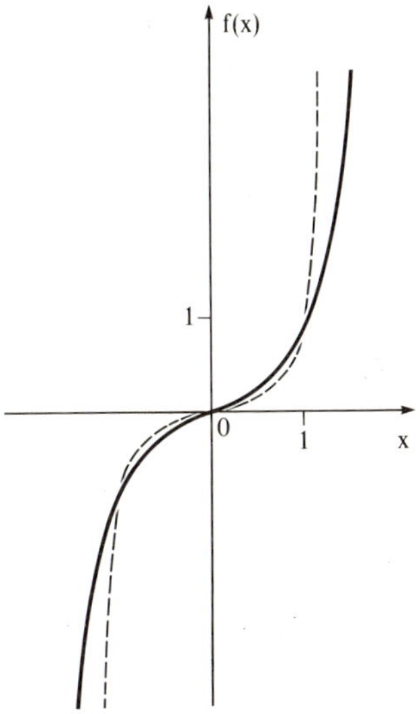

Abbildung 3.8 b

Aufgabe 8: Welche Punkte haben die Graphen aller (aller ungeraden) Potenzfunktionen gemeinsam?

Aufgabe 9: Für welche $x \in \mathbb{R}$ gilt: Der Graph zu $f_1(x)=x^5$ verläuft oberhalb des Graphen zu $f_2(x)=x^3$?

Bevor wir die nächste Klasse von Funktionen betrachten, muß noch ein Begriff geklärt werden, der der Umkehrfunktion einer reellen Funktion.

3.5 Die Umkehrfunktion einer reellen Funktion

Die Umkehrfunktion f^{-1} einer reellen Funktion f macht – sofern sie existiert – all das rückgängig, was f bewirkt hat. Daß nicht zu jeder Funktion eine Umkehrfunktion existiert, wird an der Normalparabel deutlich. Es gilt z.B.: $f(2)=2^2=4$ und $f(-2)=(-2)^2=4$. Wohin soll f^{-1} den Wert 4 abbilden? Ist $f^{-1}(4)=2$ oder $f^{-1}(4)=-2$?

Ob eine Funktion eine Umkehrfunktion besitzt, sieht man

- *graphisch* daran, daß auf jeder Parallelen zur x-Achse höchstens ein Kurvenpunkt liegt,
- *algebraisch* daran, daß jeder Funktionswert nur einmal auftritt, daß also gilt: $x_1 \neq x_2 \Rightarrow f(x_1) \neq f(x_2)$.

Definition 3.6: Eine reelle Funktion $f: x \to f(x)$, $x \in \mathbb{D}_f$ heißt **umkehrbar** (injektiv) genau dann, wenn gilt:

$$x_1 \neq x_2 \Rightarrow f(x_1) \neq f(x_2) \quad \text{für } x_1, x_2 \in \mathbb{D}_f.$$

Die Funktion $f^{-1}: f(x) \to x$; $f(x) \in \mathbb{D} = \mathbb{W}_f$ heißt **Umkehrfunktion** von f.

> *Merke:* $f^{-1}(x)$ bezeichnet etwas anderes als $(f(x))^{-1} = \frac{1}{f(x)}$.

Wenn also ein Punkt (x/f(x)) zum Graphen der umkehrbaren Funktion f gehört, dann gehört (f(x)/x) zum Graphen der Umkehrfunktion f^{-1}: Alle Punkte des Graphen der Umkehrfunktion f^{-1} erhält man durch Vertauschen der Koordinaten der Punkte des Graphens der ursprünglichen Funktion f. Dies entspricht geometrisch einer Spiegelung an der Winkelhalbierenden des 1. und 3. Quadranten des Koordinatensystems.

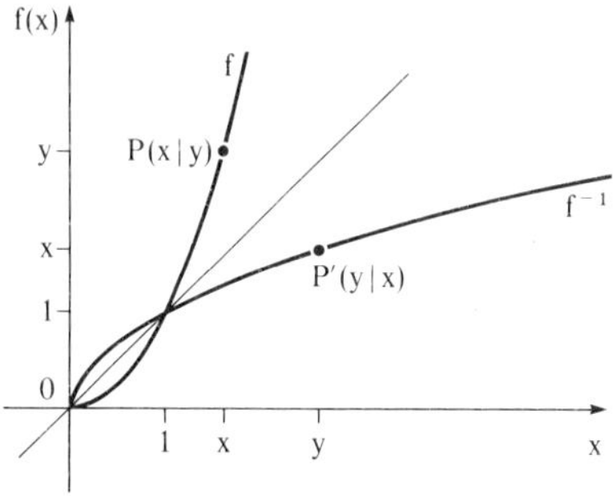

Den Graphen der Umkehrfunktion f^{-1} einer reellen umkehrbaren Funktion f erhält man durch Spiegelung an der Winkelhalbierenden des Koordinatensystems.

Abbildung 3.9

Aufgabe 10: Zeigen Sie, daß f: $x \to f(x) = x^2$; $x \in \mathbb{R}^+$ umkehrbar ist.

Manchmal kann man die Funktionsgleichung der Umkehrfunktion f^{-1} aus der Funktionsgleichung von f bestimmen:

<u>*Beispiel 5:*</u>

$$f\colon\ x \to y = f(x) = 0{,}5x - 1{,}5;\ x \in \mathbb{R}$$

$$\begin{aligned} y &= 0{,}5x - 1{,}5 \\ 0{,}5x &= y + 1{,}5 \\ x &= 2y + 3 \end{aligned}$$

Man stelle die Funktionsgleichung nach x um!

also

f^{-1}: $y \to x = 2y + 3$; $y \in \mathbb{W}_f$

f^{-1}: $x \to f^{-1}(x) = 2x + 3$; $x \in \mathbb{D} = \mathbb{W}_f$

Umbenennung der Variablen liefert die gewohnte Schreibweise.

Aufgabe 11: Schreiben Sie Wertetabellen für f und f^{-1} auf.

Obwohl die Monotonie von Funktionen erst später behandelt wird, benutzen wir sie hier schon, um ein Kriterium für die Umkehrbarkeit von Funktionen anzugeben:

Man nennt eine reelle Funktion auf einem Intervall $I \subseteq \mathbb{D}_f$ streng monoton wachsend, wenn für alle $x_1, x_2 \in I$ gilt:

$$x_1 < x_2 \Rightarrow f(x_1) < f(x_2);$$

f heißt streng monoton fallend auf I, wenn für alle $x_1, x_2 \in I$ gilt:

$$x_1 < x_2 \Rightarrow f(x_1) > f(x_2).$$

Es gilt dann:

> **Satz 3.5:** Eine auf einem Intervall streng monotone (steigende oder fallende) Funktion ist dort umkehrbar.

Mit $x_1 \neq x_2$ gilt $x_1 < x_2$ oder $x_2 < x_1$ und damit wegen der strengen Monotonie $f(x_1) < f(x_2)$ oder $f(x_2) > f(x_1)$, jedenfalls $f(x_1) \neq f(x_2)$.

Aufgabe 12: Welche der folgenden Funktionen sind umkehrbar? Geben Sie gegebenenfalls die Umkehrfunktion an.

a) $f\colon\ x \to f(x) = x^3 + 5; \quad x \in \mathbb{D}_f$
b) $f\colon\ x \to f(x) = -x^2 + 2x - 1; \quad x \in \mathbb{D}_f$
c) $f\colon\ x \to f(x) = \frac{1}{x}; \quad x \in \mathbb{D}_f$

3.6 Wurzelfunktionen

Alle Potenzfunktionen sind für $x \geq 0$ umkehrbar, denn dort sind sie streng monoton steigend. Die zugehörigen Umkehrfunktionen sind die Wurzelfunktionen.

> **Definition 3.7:** Die Umkehrfunktion einer Potenzfunktion vom Grad n mit $\mathbb{D} = \mathbb{R}_0^+$ heißt **Wurzelfunktion**.
>
> $$\sqrt[n]{\ }\colon\ x \to \sqrt[n]{x}; \quad x \in \mathbb{R}_0^+ \quad \text{vom Grad n.}$$
>
> Der Funktionswert heißt **n-te Wurzel**, n heißt **Wurzelexponent**.

Die Graphen der Wurzelfunktionen erhält man also durch Spiegelung der Graphen der Potenzfunktionen im 1. Quadranten des Koordinatensystems an der Winkelhalbierenden.

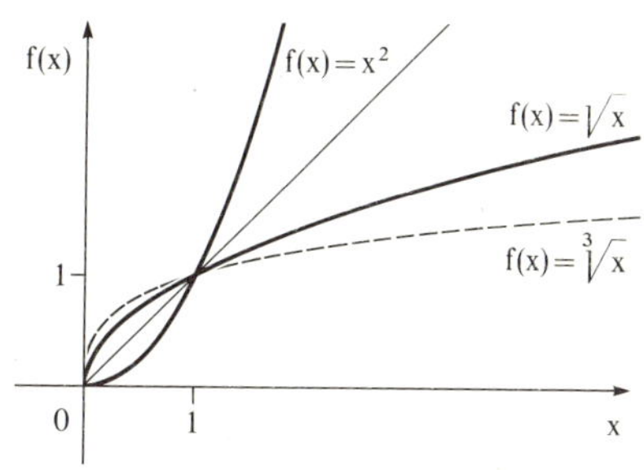

Abbildung 3.10

Einige Schulbücher definieren – wohl veranlaßt durch die Monotonie der ungeraden Potenzfunktionen auf ganz $\mathbb{R}$ – die ungeraden Wurzelfunktionen auf ganz $\mathbb{R}$; dies bedingt dann eine Unterscheidung nach geraden bzw. ungeraden Wurzelexponenten bei allen weiteren Überlegungen. Wir gehen so nicht vor.

Andere Schulbücher fassen den Begriff „Wurzelfunktion" weiter: In dieser weiteren Fassung wird z. B. auch die Funktion, deren Graph ein Halbkreis um den Koordinatenursprung mit Radius 5 ist, eine Wurzelfunktion genannt:

$$f\colon x \to f(x) = \sqrt{25 - x^2};\ x \in [-5; 5]$$

> *Merke:* Eine Wurzel ist dann definiert, wenn der Term unter dem Wurzelzeichen positiv oder 0 ist: z. B. $\sqrt{25-x^2}$ ist definiert für $25-x^2 \geq 0$ (unabhängig von $x < 0$ oder $x \geq 0$).

Weitere Beispiele für eine Klasse von reellen Funktionen und ihrer Umkehrfunktionen bilden die in dem folgenden Abschnitt behandelten Exponential- und Logarithmusfunktionen.

3.7 Exponential- und Logarithmusfunktionen

> **Definition 3.8:** Eine reelle Funktion
>
> $$\exp_q\colon x \to \exp_q(x) = q^x; \quad x \in \mathbb{R} \quad (q \in \mathbb{R}^+ \setminus \{1\} \text{ fest})$$
>
> heißt **Exponentialfunktion** zur Basis q.

Beachte: Bei Exponentialfunktionen ist im Unterschied zu den Potenzfunktionen die Hochzahl variabel, die Basis q immer eine feste Zahl (jedoch nicht 1).

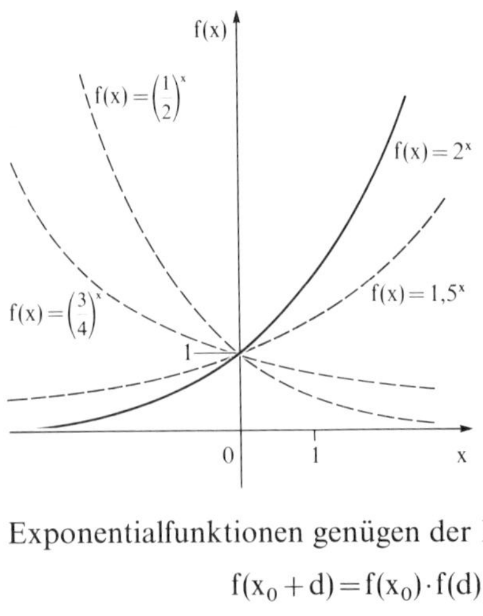

Abbildung 3.11

Die Graphen aller Exponentialfunktionen verlaufen oberhalb der x-Achse (weil mit $q > 0$ auch $q^x > 0$ gilt für alle $x \in \mathbb{R}$).
Sie gehen alle durch (0/1) (weil $q^0 = 1$ für alle $q \in \mathbb{R}^+$).
Ist $q > 1$, so ist der Graph der Exponentialfunktion $f(x) = q^x$ streng monoton wachsend, ist $0 < q < 1$, so ist der Graph streng monoton fallend.

Exponentialfunktionen genügen der Funktionalgleichung

$$f(x_0 + d) = f(x_0) \cdot f(d) \quad (\text{denn } q^{x+d} = q^x \cdot q^d).$$

Addiert man zum Argument x_0 eine Zahl d, dann muß man den Funktionswert $f(x_0)$ mit q^d multiplizieren.

	$+1$	$+1$	$+2$	$+2$	$+3$	$+k$
x	-1	0	1	3	5	8
$2^x = \exp_2(x)$	0,5	1	2	8	32	256
	$\cdot 2$	$\cdot 2$	$\cdot 4$	$\cdot 4$	$\cdot 8$	$\cdot 2^k$

Man spricht vom „exponentiellen Wachstum" der Funktion.

Exponentialfunktionen benutzt man z.B. um Wachstumsvorgänge zu beschreiben, bei denen eine Population in einer Zeiteinheit jeweils den gleichen prozentualen Zuwachs um p% erfährt.

Der Anfangsbestand zum Zeitpunkt $t=0$ sei c. Der Bestand ändert sich nach folgender Regel:

nach einer Zeiteinheit $(t=1)$: $$c + c\cdot\frac{p}{100} = c\cdot\left(1+\frac{p}{100}\right)^1$$

nach einer weiteren Zeiteinheit $(t=2)$: $$c\left(1+\frac{p}{100}\right) + c\left(1+\frac{p}{100}\right)\frac{p}{100} = c\cdot\left(1+\frac{p}{100}\right)^2$$

nach einer weiteren Zeiteinheit $(t=3)$: $$c\left(1+\frac{p}{100}\right)^2 + c\left(1+\frac{p}{100}\right)^2\cdot\frac{p}{100} = c\cdot\left(1+\frac{p}{100}\right)^3$$

Allgemein: der Bestand ist nach t Zeiteinheiten auf $c\cdot\left(1+\frac{p}{100}\right)^t$ gewachsen. Die Funktion $f\colon t \to c\cdot\left(1+\frac{p}{100}\right)^t = c\cdot q^t$ beschreibt also das Wachstum der Population mit Anfangsbestand c und gleichbleibendem prozentualen Wachstum um p%. Die Funktionsgleichung wird „Wachstumsgesetz" genannt, $q = 1+\frac{p}{100}$ heißt „Wachstumsfaktor".

Beispiel 6: Aus einer Veröffentlichung der UNO gingen folgende Daten hervor: 1978 betrug die Weltbevölkerung 4,124 Milliarden, der jährliche prozentuale Zuwachs war 1,9%. Die Zunahme der Weltbevölkerung konnte also statistisch (mit $c = 4{,}124\cdot 10^9$ und $p = 1{,}9$) nach der Funktion

$$f\colon \quad t \to f(t) = 4{,}124\cdot 10^9\cdot\left(1+\frac{1{,}9}{100}\right)^t; \quad t\in\mathbb{R}^+$$

berechnet werden.
Danach ergab sich für 1990 (also im Jahre 12 nach 1978):
$f(12) = 4{,}124\cdot 10^9\cdot 1{,}019^{12} \approx 5{,}169\cdot 10^9$; also sollten 1990 $\approx 5{,}169$ Milliarden Menschen die Erde bevölkern.

Anmerkung: Da bereits im Juli 1987 der fünfmilliardste Erdenbürger begrüßt wurde, ist wohl der prozentuale Zuwachs falsch geschätzt worden, oder er hat sich seit 1978 vergrößert.

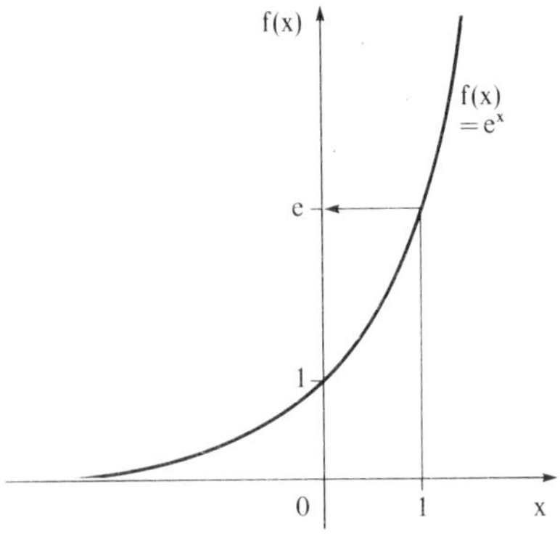

Eine besondere Exponentialfunktion ist die mit der Eulerschen Zahl e ($\approx 2{,}7183$) als Basis. Die Funktion wird **natürliche Exponentialfunktion** genannt

$$f\colon\quad x \to e^x;\quad x \in \mathbb{R}.$$

Abbildung 3.12

Jede Exponentialfunktion ist streng monoton (mit $\mathbb{W} = \mathbb{R}^+$), hat also nach Satz 3.5 eine Umkehrfunktion.

Definition 3.9: Die Umkehrfunktion der Exponentialfunktion zur Basis q heißt **Logarithmusfunktion** zur Basis q:

$$\log_q\colon\quad x \to \log_q(x);\quad x \in \mathbb{R}^+\quad (q \in \mathbb{R}^+ \setminus \{1\} \text{ fest})$$

Statt des Symbols „$\log_q(x)$" findet man auch das Symbol „${}^q\log(x)$" oder „${}_q\log(x)$".
$y = \log_q(x)$ bedeutet also: y ist die Zahl, mit der q potenziert werden muß, um x zu erhalten, d.h. $q^y = x$.

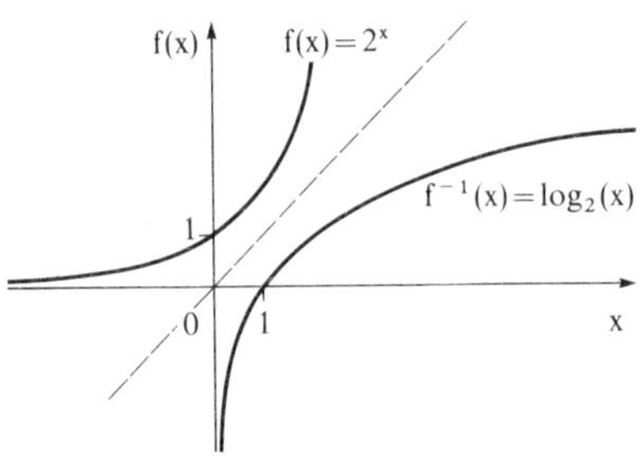

Die graphische Darstellung einer Logarithmusfunktion gewinnt man durch Spiegelung der Exponentialfunktion an der Winkelhalbierenden $g(x) = x$.

Abbildung 3.13

Aufgabe 13: Welchen Punkt haben die Graphen aller Logarithmusfunktionen gemeinsam? Welche Schlußfolgerung erlaubt die Monotonie der Exponentialfunktionen über die Logarithmusfunktionen?

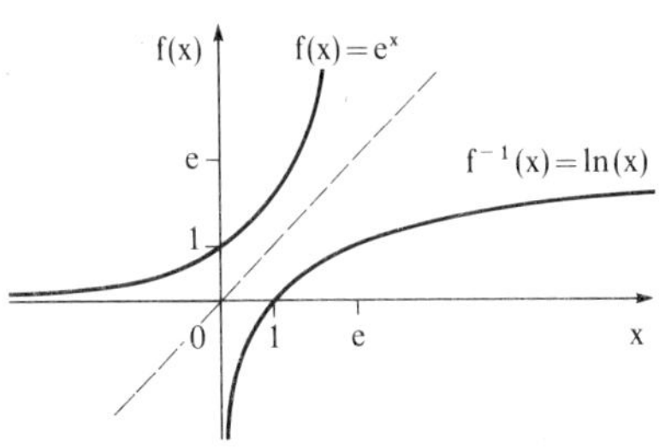

Die Umkehrfunktion der natürlichen Exponentialfunktion heißt **natürlicher Logarithmus** und wird statt $\log_e(x)$ mit dem Symbol $\ln(x)$ bezeichnet.

Abbildung 3.14

Für das Rechnen mit Exponential- und Logarithmusfunktionen gelten folgende Regeln:

$q^x q^y = q^{x+y}$	$\log_q(x \cdot y) = \log_q(x) + \log_q(y)$
$(q^x)^y = q^{x \cdot y}$	$\log_q(x^y) = y \cdot \log_q(x)$
$q^{-x} = \left(\frac{1}{q}\right)^x$	$\log_q\left(\frac{1}{x}\right) = -\log_q(x)$
$q^{\log_q(x)} = x$	$\log_q(q^x) = x$

Jede Exponentialfunktion läßt sich als natürliche Exponentialfunktion darstellen:

$$f(x) = q^x = e^{x \cdot \ln(q)}.$$

Mit den obigen Formeln folgt: $q = e^{\ln(q)}$, also $q^x = (e^{\ln(q)})^x = e^{x \cdot \ln(q)}$. Jede Logarithmusfunktion läßt sich darstellen mit Hilfe des natürlichen Logarithmus:

$$f(x) = \log_q(x) = \frac{1}{\ln(q)} \cdot \ln(x)$$

(denn $q^{\log_q(x)} = x$, also $\ln(q^{\log_q(x)}) = \ln(x) \Leftrightarrow \ln(q) \cdot \log_q(x) = \ln(x)$).
Eine Funktion, die ein exponentielles Wachstum beschreibt, kann also auch mit Hilfe der natürlichen Exponentialfunktion beschrieben werden:

$$f(t) = c \cdot \left(1 + \frac{p}{100}\right)^t = c \cdot e^{kt}$$

mit der „Wachstumskonstanten“ $k = \ln\left(1 + \frac{p}{100}\right)$.

Aufgabe 14: Indianer verkauften im Jahre 1627 die Insel Manhattan für 24 Dollar. Auf welchen Betrag wären diese 24 Dollar heute angewachsen, wenn sie jährlich mit 3,5% verzinst worden wären und nie etwas abgehoben wurde? In welchem Jahr hätte dieses Kapital sich verdoppelt?

Aufgabe 15: Kennzeichnend für eine Exponentialfunktion ist es, daß es zu jeder Zahl $h \in \mathbb{R}$ eine Zahl $k \in \mathbb{R}$ gibt, so daß für alle $x \in \mathbb{R}$ gilt: $f(x+h) = k \cdot f(x)$.

a) Ermitteln Sie k für $f(x) = 1{,}5^x$ und $h = 2$.

b) Es ist $h = 1$ und $k = 0{,}5$. Wie lautet die Funktionsgleichung?

3.8 Verknüpfung und Verkettung von Funktionen

Kennt man zwei Funktionen, nennen wir sie g und h, so kann man aus diesen beiden Funktionen mit den vier Grundrechenarten neue Funktionen bilden. Lediglich bei der Division muß man ein wenig aufpassen: Die Division durch 0 ist bekanntlich nicht definiert.

Definition 3.10: Es seien g und h reelle Funktionen. Dann heißt die Funktion

$(g+h)$: $x \to (g+h)(x) = g(x) + h(x)$; $x \in \mathbb{D}_g \cap \mathbb{D}_h$ **Summen-**

$(g-h)$: $x \to (g-h)(x) = g(x) - h(x)$; $x \in \mathbb{D}_g \cap \mathbb{D}_h$ **Differenz-**

$(g \cdot h)$: $x \to (g \cdot h)(x) = g(x) \cdot h(x)$; $x \in \mathbb{D}_g \cap \mathbb{D}_h$ **Produkt-**

$\left(\frac{g}{h}\right)$: $x \to \left(\frac{g}{h}\right)(x) = \frac{g(x)}{h(x)}$; $x \in \mathbb{D}_g \cap \mathbb{D}_h \setminus \{x \mid h(x) = 0\}$ **Quotienten-**

funktion von g und h.

Man kann auch aus g und h durch Hintereinanderausführen beider Funktionsvorschriften eine neue Funktion bilden, indem man für ein Argument x_0 zunächst den Funktionswert $g(x_0) = z_0$ bestimmt und für diese Zahl z_0 dann den Funktionswert bzgl. der Funktion h: $h(z_0) = h(g(x_0))$. Hier muß natürlich gewährleistet sein, daß $z_0 = g(x_0)$ zum Definitionsbereich von h gehört, allgemein: $\mathbb{W}_g \subseteq \mathbb{D}_h$.

Definition 3.11: Es seien g und h reelle Funktionen mit $\mathbb{W}_g \subseteq \mathbb{D}_h$. Dann heißt die Funktion

$$(h \circ g): \quad x \to (h \circ g)(x) = h(g(x)); \quad x \in \{x \mid x \in \mathbb{D}_g \wedge g(x) \in \mathbb{D}_h\}$$

Verkettung der Funktionen g und h.

Anmerkung: Manche Bücher benutzen $h \circ g$ in anderer Bedeutung: $(h \circ g)(x) = g(h(x))$. Bitte vergleichen Sie mit Ihrem Lehrbuch und ändern Sie gegebenenfalls.

Beispiel 7: Die „Halbkreisfunktion“

$$f: \quad x \to \sqrt{25 - x^2}$$

kann als Verkettung der beiden Funktionen

$$g: \quad x \to 25 - x^2; \quad x \in \mathbb{R}$$

und

$$h: \quad x \to \sqrt{x}; \quad x \in \mathbb{R}^+$$

aufgefaßt werden:
Für ein Argument x_0 muß zunächst $25 - x_0^2 = z_0$ bestimmt werden und daraus dann die Wurzel gezogen werden:

x	$g(x) = 25 - x^2$	$(h \circ g)(x) = h(g(x)) = f(x) = \sqrt{25 - x^2}$
−6	−11	nicht definiert
−5	0	0
−4	9	3
−1	24	$\sqrt{24} \approx 4{,}90$
0	25	5
1	24	$\sqrt{24} \approx 4{,}90$
2	21	$\sqrt{21} \approx 4{,}58$
5	0	0
6	−11	nicht definiert
7	−24	nicht definiert

$$f(x) = (h \circ g)(x) = h(g(x)).$$

An diesem Beispiel wird auch deutlich, daß es auf die Reihenfolge der Hintereinanderausführung entscheidend ankommt: $(g \circ h)(x) = g(h(x))$ bedeutet mit den obigen Funktionen g und h: $g(\sqrt{x}) = 25 - x$ und liefert eine Halbgerade ($x \in \mathbb{R}^+$).

Aufgabe 16: Gegeben sind die Funktionen g und h durch die Funktionsgleichungen $g(x) = 2x - 3$ und $h(x) = x^2 + 1$.

a) Bilden Sie $(g + h)$, $(g - h)$, $(g \cdot h)$ und $\left(\frac{g}{h}\right)$.
b) Bilden Sie $(h \circ g)$ und $(g \circ h)$.

Aufgabe 17: Zeigen Sie: Die Verkettung zweier linearer Funktionen ist wieder eine lineare Funktion.

Aufgabe 18: Verketten Sie g und h. (Bestimmung des Definitionsbereiches nicht vergessen!)

a) $g(x) = 36 - x^2$, $h(x) = \sqrt{x}$.
b) $g(x) = -2x^2 - 12x - 17$, $h(x) = \ln(x - 1)$.

3.9 Rationale Funktionen

Funktionen, die aus endlich vielen Potenzfunktionen und konstanten Funktionen durch die in Definition 3.10 genannten Verknüpfungen entstehen, nennt man rationale Funktionen.
Beschränkt man sich bei der Verknüpfung auf Addition, Subtraktion und Multiplikation, so erhält man die ganzrationalen Funktionen.

Ganzrationale Funktionen

Definition 3.12: Eine reelle Funktion

$$f\colon x \to f(x) = a_n x^n + a_{n-1} x^{n-1} + a_{n-2} x^{n-2} + \ldots + a_1 x + a_0, \quad x \in \mathbb{R} \quad (a_n \neq 0)$$

heißt **ganzrationale Funktion n-ter Ordnung.**
Den Funktionsterm nennt man **Polynom n-ten Grades**, die Zahlen $a_0, \ldots, a_n$ **Koeffizienten.**

Insbesondere sind also konstante Funktionen, lineare Funktionen, Potenzfunktionen und quadratische Funktionen spezielle ganzrationale Funktionen.

Beispiel 8: $f\colon x \to f(x) = 2x^3 + 12x^2 - 14$; $x \in \mathbb{R}$ ist eine ganzrationale Funktion 3. Ordnung (3 ist der größte vorkommende Exponent der Variablen) mit den Koeffizienten $a_3 = 2$, $a_2 = 12$, $a_1 = 0$, $a_0 = -14$.

Aufgabe 19: Geben Sie die ganzrationale Funktion 3. Ordnung mit den Koeffizienten $a_0 = 72$, $a_1 = 6$, $a_2 = -15$, $a_3 = -3$ an.

Aufgabe 20: Bilden Sie mit $f_1(x) = 3x - 5$ und $f_2(x) = 4x^2 - 2x + 6$ die ganzrationalen Funktionen $(f_1 + f_2)$, $(f_1 - f_2)$ und $(f_1 \cdot f_2)$.

Aufgabe 21: Bestimmen Sie den Funktionsterm der ganzrationalen Funktion 3. Ordnung, dessen Graph durch die Punkte $P(-1/-2)$, $Q(1/6)$ und $R(2/58)$ verläuft und die Funktionswertachse bei 4 schneidet.

Hinweise zur Lösung: Die Funktionsgleichung einer ganzrationalen Funktion f 3. Ordnung hat die Form

$$f(x)=a_3 x^3+a_2 x^2+a_1 x+a_0.$$

$P(-1/-2)$ liegt auf dem Graphen von f bedeutet, daß die Koordinaten von P die Funktionsgleichung erfüllen:

$$-2=a_3(-1)^3+a_2(-1)^2+a_1(-1)+a_0.$$

Was bedeutet: Q, R liegen auf dem Graphen von f?

Der Graph von f schneidet die Funktionswertachse bei 4 bedeutet: (0/4) liegt auf dem Graphen von f.

Sie erhalten aus den vier Bedingungen ein lineares Gleichungssystem zur Bestimmung von a_0, a_1, a_2, a_3; Einsetzen der Koeffizienten liefert schließlich die Funktionsgleichung.

Aufgabe 22: Begründen Sie: Ist $f_1(x)$ ein Polynom n-ten Grades und $f_2(x)$ ein Polynom m-ten Grades, so ist $(f_1 \cdot f_2)(x)$ ein Polynom $(n+m)$-ten Grades.

Horner-Schema

Um mit dem Taschenrechner bequem eine Wertetabelle einer ganzrationalen Funktion erstellen zu können, formt man den Funktionsterm zweckmäßigerweise durch sukzessives Ausklammern der Variablen um:

Beispiel 9:
$$\begin{aligned} f(x)&=3x^3-2x^2+x+4\\ &=(3x^2-2x+1)\,x+4\\ &=((3x-2)\,x+1)\,x+4 \end{aligned}$$

Hieraus ergibt sich das Horner-Schema, ein Algorithmus zur Berechnung von Funktionswerten ganzrationaler Funktionen an einer Stelle x_0.

1) Schreibe alle Koeffizienten geordnet (beginnend mit dem der höchsten Potenz der Variablen) nebeneinander in die 1. Zeile.
2) Als erste Zahl der zweiten Zeile schreibe 0.
3) Schreibe in die 3. Zeile die Summe der darüberstehenden Zahlen, multipliziere diese Zahl mit dem Argument x_0 und schreibe das Produkt in die 2. Zeile der nächsten Spalte.
4) In der letzten Spalte steht dann in der 3. Zeile der gesuchte Funktionswert.

f aus Beispiel 9 für $x_0=2$

$$((3\cdot 2+(-2))\cdot 2+1)\cdot 2+4=f(2)$$

1. Zeile	3	-2	1	4
2. Zeile	$+0$	$+6$	$+8$	$+18$
$x_0=2$	$\cdot 2$ ↗	$\cdot 2$ ↗	$\cdot 2$ ↗	
3. Zeile	3	4	9	$22=f(2)$

Ein zweites Beispiel zum Horner-Schema:

Beispiel 10: Bestimmung des Funktionswerts der Funktion $f(x)=2x^3+12x^2-14$ für $x_0=3$:

$$f(x)=2x^3+12x^2-14$$
$$=((2x+12)x+0)x-14$$

$$f(3)=((2\cdot 3+12)\cdot 3+\ 0)\cdot 3+(-14)$$

	2	12	0	-14
	$+0$	$+6$	$+54$	-162
$x_0=3$	$\cdot 3$	$\cdot 3$	$\cdot 3$	
	2	18	54	$148=f(3)$

Das Horner-Schema dient nicht nur zur Berechnung von Funktionswerten:

Aufgabe 23: Bilden Sie die Produktfunktion von $g(x)=x-3$ und $f^*(x)=2x^2+18x+54$.

Sie haben sicher bemerkt, daß f^* aus der Aufgabe 23 eine ganzrationale Funktion mit um 1 verringerter Ordnung (verglichen mit der Funktion f aus Beispiel 10) ist, und daß die Koeffizienten von f^* dem Horner-Schema entnommen sind. Ferner ist zu bemerken, daß sich f(x) und $(x-3)\cdot f^*(x)$ gerade um $148=f(3)$ unterscheiden. Allgemein gilt:

Satz 3.6: Ist f eine ganzrationale Funktion n-ter Ordnung und $x_0 \in \mathbb{D}_f$, so gilt: $f(x)=(x-x_0)\cdot f^*(x)+f(x_0)$.
Hier ist $f^*(x)$ ein Polynom $(n-1)$-ter Ordnung, dessen Koeffizienten den ersten $(n-1)$ Spalten der letzten Zeile des Horner-Schemas entnommen werden können.

Nullstellen und Linearfaktorzerlegung einer ganzrationalen Funktion

Aus dem obigen Satz ergibt sich für eine Nullstelle x_N einer ganzrationalen Funktion:

Satz 3.7: Ist f eine ganzrationale Funktion n-ter Ordnung und x_N eine Nullstelle von f, so gibt es eine ganzrationale Funktion f^* $(n-1)$-ter Ordnung mit $f(x)=(x-x_N)\cdot f^*(x)$.
Man nennt $(x-x_N)$ den zur Nullstelle x_N gehörenden **Linearfaktor** der Funktion f und sagt auch: „Der Linearfaktor $(x-x_N)$ wird aus dem Funktionsterm abgespalten".

Man kann den Funktionsterm einer ganzrationalen Funktion also immer als Produkt des (zu einer Nullstelle gehörenden) Linearfaktors und eines Polynoms f^* darstellen, wenn man nur eine Nullstelle kennt.

Neben dem Horner-Schema gibt es ein weiteres Verfahren zur Bestimmung des Polynoms f^*:

Polynomzerlegung oder Polynomdivision

Beispiel 11: Betrachtet wird die ganzrationale Funktion 4. Ordnung

$$f:\quad x \to f(x) = 3x^4 - x^3 - 26x + 12, \quad x \in \mathbb{R}$$

mit der Nullstelle $x_N = 2$. f(x) läßt sich nach Satz 3.7 also darstellen als $f(x) = (x-2)\, f^*(x)$, wobei $f^*(x)$ ein Polynom 3. Grades ist. Durch folgenden, der schriftlichen Division von Zahlen abgeschauten Algorithmus kann f* auch gefunden werden:

$$\begin{array}{lll}
3x^4 - x^3 \quad -26x + 12 = (x-2)\cdot(3x^3 + 5x^2 + 10x - 6) & & \\
\underline{-(3x^4 - 6x^3)} & \longleftarrow & (x-2)\cdot 3x^3 \\
\quad 5x^3 & & \\
\quad \underline{-(5x^3 - 10x^2)} & \longleftarrow & (x-2)\cdot 5x^2 \\
\qquad 10x^2 & & \\
\qquad \underline{-(10x^2 - 20x)} & \longleftarrow & (x-2)\cdot 10x \\
\qquad\quad -6x & & \\
\qquad\quad \underline{-(-6x + 12)} & \longleftarrow & (x-2)\cdot(-6) \\
\qquad\qquad 0 & &
\end{array}$$

Natürlich hätte auch das Hornerschema dieses Polynom $f^*(x) = 3x^3 + 5x^2 + 10x - 6$ ergeben:

	3	−1	0	−26	12
	0	6	10	20	−12
$x_0 = 2$	3	5	10	−6	0 = f(2)

Benutzen Sie bitte das Ihnen vertraute Verfahren, die Lösungen zu den Aufgaben geben wir nach beiden Verfahren an.

Aufgabe 24: Die Funktion $f: x \to f(x) = 2x^3 + 12x^2 - 14$, $x \in \mathbb{D}_f$ aus Beispiel 10 hat als Nullstelle $x_N = 1$.

a) Bestätigen Sie dies.

b) Bestimmen Sie das Polynom 2. Grades $f^*(x)$ mit $(x-1)\, f^*(x) = f(x)$.

Damit kann die Nullstellenbestimmung ganzrationaler Funktionen also unter Umständen vereinfacht werden: Kennt man schon eine Nullstelle (oder hat man sie erraten oder durch eine Wertetabelle gefunden), so kann man weitere Nullstellen durch Untersuchung des Polynoms f* (von um 1 niedrigerem Grad als f) finden:

Beispiel 12: $f: x \to f(x) = 2x^3 + 12x^2 - 14$, $x \in \mathbb{R}$ (vgl. Beispiel 10 und Aufgabe 24)

$$\begin{aligned}
x_N &= 1 \\
f(x) &= 2x^3 + 12x^2 - 14 = (x-1)\cdot(2x^2 + 14x + 14) \\
&= 2\cdot(x-1)\cdot(x^2 + 7x + 7) \\
&= 2\cdot(x-1)\cdot\left(x + \frac{7}{2} - \frac{\sqrt{21}}{2}\right)\cdot\left(x + \frac{7}{2} + \frac{\sqrt{21}}{2}\right)
\end{aligned}$$

Wie viele Nullstellen kann ein Polynom n-ten Grades höchstens haben?

> **Satz 3.8:** Eine ganzrationale Funktion der Ordnung n hat höchstens n Nullstellen.

Begründung: Ist x_N Nullstelle von f, so gibt es nach Satz 3.7 ein Polynom $f^*(x)$ vom Grad (n − 1) mit: $f(x)=(x-x_N)\cdot f^*(x)$.
Eine weitere Nullstelle $x_{N1} \neq x_N$ bewirkt $f(x_{N1})=0$.
Da $(x_{N1}-x_N)\neq 0$ ist, muß $f^*(x_{N1})=0$ gelten und damit muß es nach Satz 3.7 wieder ein Polynom $f^{**}(x)$ geben mit $f^*(x)=(x-x_{N1})f^{**}(x)$.
Also $f(x)=(x-x_N)\cdot(x-x_{N1})\cdot f^{**}(x)$.
Diese Abspaltung der Linearfaktoren aus den Polynomen $f^*(x)$ kann aber allenfalls so lange fortgesetzt werden, bis das verbleibende Polynom von der Ordnung 0, also eine Konstante, ist, also höchstens n-mal.

Beispiel 13 (vgl. Beispiel 12):

$$f(x)=2x^3+12x^2-14=2(x-1)\cdot\left(x-\left(\frac{-7}{2}+\frac{\sqrt{21}}{2}\right)\right)\cdot\left(x-\left(\frac{-7}{2}-\frac{\sqrt{21}}{2}\right)\right)$$

Hier gibt es wirklich genau 3 (und damit auch höchstens 3) Nullstellen einer ganzrationalen Funktion 3. Ordnung:

$$x_{N1}=1; \quad x_{N2}=-\frac{7}{2}+\frac{\sqrt{21}}{2} \quad \text{und} \quad x_{N3}=-\frac{7}{2}-\frac{\sqrt{21}}{2}.$$

Wie findet man Nullstellen? Eine Regel wollen wir im folgenden kennenlernen.

Aufgabe 25: Geben Sie dem Funktionsterm $f(x)=(x-1)\cdot(x-(-2))\cdot(x-3)$ durch Ausmultiplizieren eine Form, die der Definition 3.12 entspricht.

Sie haben bei der Bearbeitung der Aufgabe 25 gesehen, daß sich das konstante Glied des Polynoms f(x) als Produkt von (−1), 2 und (−3) ergab, den konstanten Summanden der Linearfaktoren. Umgekehrt gilt:

> **Satz 3.9:** Ist x_N ganzzahlige Nullstelle einer ganzrationalen Funktion f mit nur ganzzahligen Koeffizienten, so muß x_N auch Teiler des konstanten Summanden a_0 des zugehörigen Polynoms f(x) sein, d.h. es gibt ein $z\in\mathbb{Z}$ mit $x_N\cdot z=a_0$.

Beispiel 14: $f\colon x\to f(x)=2x^3+12x^2-14$; $x\in\mathbb{R}$ könnte als ganzzahlige Nullstelle also die Teiler von −14 haben:

$$x_N\in\{1;\ -1;\ 2;\ -2;\ 7;\ -7;\ 14;\ -14\}.$$

Der Satz 3.9 erlaubt somit eine „gezielte" Suche nach möglichen Nullstellen einer ganzrationalen Funktion, sofern sie nur ganzzahlige Koeffizienten hat.

Mehrfache Nullstellen

Bei der Begründung des Satzes 3.8 haben wir immer von verschiedenen Nullstellen x_N gesprochen. Was ist aber, wenn sich ein Linearfaktor $(x-x_N)$ nicht nur einmal aus dem Funktionsterm f(x) einer ganzrationalen Funktion abspalten läßt?

Beispiel 15: $f(x)=x^4-x^3-4x^2-4x+16$
$=(x-2)\cdot(x^3+x^2-2x-8)$
$=(x-2)\cdot(x-2)\cdot(x^2+3x+4)$
$=(x-2)^2\cdot(x^2+3x+4)$

Man spricht hier von „doppelter Nullstelle“ (allgemein von mehrfacher Nullstelle).

> **Definition 3.13:** Sei f eine ganzrationale Funktion und x_N eine Nullstelle von f. Gibt es eine Zahl $m \in \mathbb{N}$ mit $f(x)=(x-x_N)^m\cdot f^*(x)$ und $f^*(x_N)\neq 0$, so heißt x_N **m-fache Nullstelle** von f.

a) Ist x_N einfache (dreifache, fünffache, ...), allg. ungeradzahlige Nullstelle von f, so **schneidet** der Funktionsgraph in $(x_N/0)$ die x-Achse.
Wenn man Argumente x in der Nähe von x_N betrachtet, ist $x-x_N$ entweder positiv oder negativ. Damit ist $(x-x_N)^n$ für n ungerade auch positiv oder negativ und damit der Funktionswert f(x) für $x<x_N$ negativ und für $x>x_N$ positiv (oder umgekehrt).
Damit liegen aber die Punkte des Graphen rechts von x_N oberhalb und links von x_N unterhalb der x-Achse (oder umgekehrt).

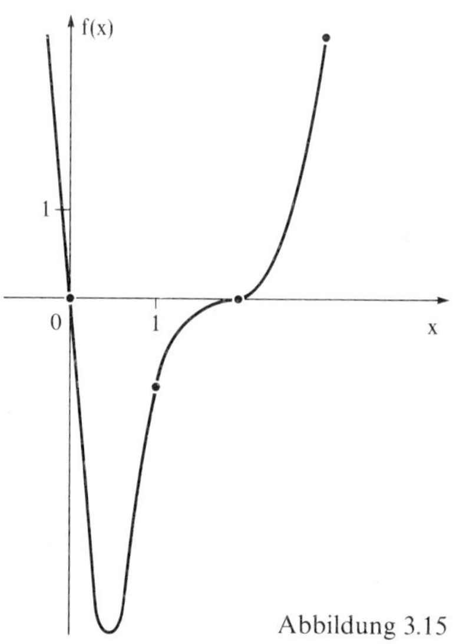

$$f(x)=x^6-10x^5+40x^4-80x^3+80x^2-32x=(x-2)^5\cdot x$$

Abbildung 3.15

b) Ist x_N zweifache (vierfache, sechsfache...), allg. geradzahlige Nullstelle von f, so **berührt** der Funktionsgraph in $(x_N/0)$ die x-Achse.
Für alle $x \in \mathbb{R}$ gilt:

$$(x - x_N)^n \geq 0 \quad \text{für n gerade.}$$

Damit ist f(x) für alle x in der Nähe von x_N entweder immer positiv oder immer negativ. Damit liegen in der Nähe von x_N alle Punkte des Graphen entweder oberhalb oder alle unterhalb der x-Achse.

$$\begin{aligned} f(x) &= -3x^5 + 6x^4 + 6x^3 - 24x^2 \\ &\quad + 21x - 6 \\ &= (x-1)^4 \cdot (-3x - 6) \\ &[= (x+2) \cdot (-3x^4 + 12x^3 \\ &\quad - 18x^2 + 12x - 3)] \end{aligned}$$

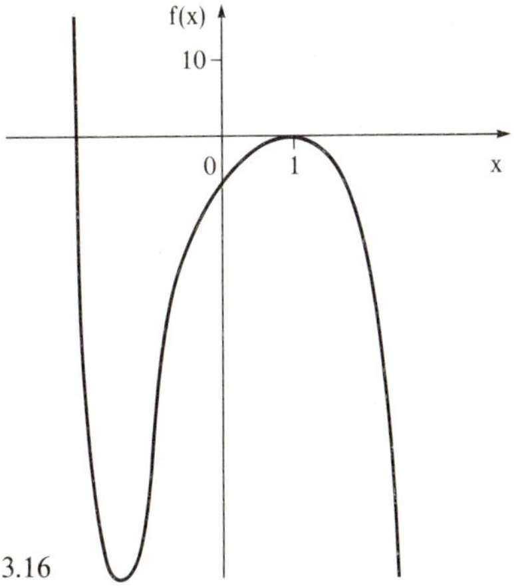

Abbildung 3.16

Gebrochenrationale Funktionen

Definition 3.14: Sind f_1 und f_2 zwei ganzrationale Funktionen, so heißt

$$f: \quad x \to f(x) = \frac{f_1(x)}{f_2(x)}, \quad x \in \mathbb{D}_{max}$$

gebrochenrationale Funktion.
$f_1(x)$ heißt **Zählerpolynom**, $f_2(x)$ **Nennerpolynom**. Maximal möglicher Definitionsbereich $\mathbb{D}_{max} = \mathbb{R} \setminus \{x \mid f_2(x) = 0\}$ ist die Menge der reellen Zahlen ohne die Zahlen, bei denen das Nennerpolynom Null wird; diese Zahlen heißen **Definitionslücke**.

Beispiel 16: Die einfachsten „echt" gebrochenrationalen Funktionen sind die mit den Funktionsgleichungen

$$f(x) = \frac{1}{x^n}; \quad x \in \mathbb{R} \setminus \{0\}.$$

Alle diese Funktionen haben an der Stelle 0 eine Definitionslücke, ihre Graphen gehen alle durch (1/1).

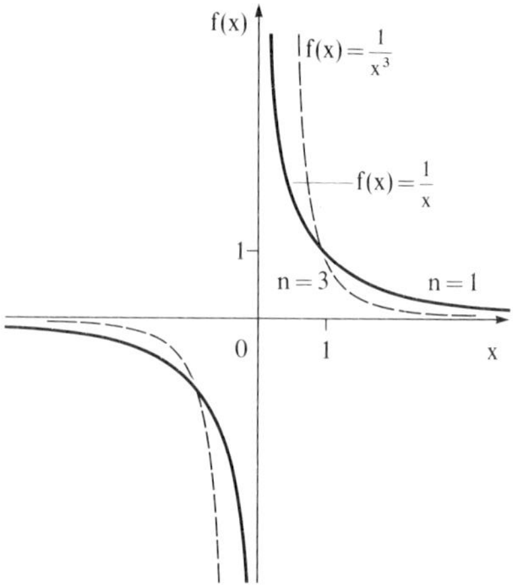

a) n ungerade:
Alle Graphen gehen durch $(-1/-1)$ und sind punktsymmetrisch zum Koordinatenursprung.

Abbildung 3.17

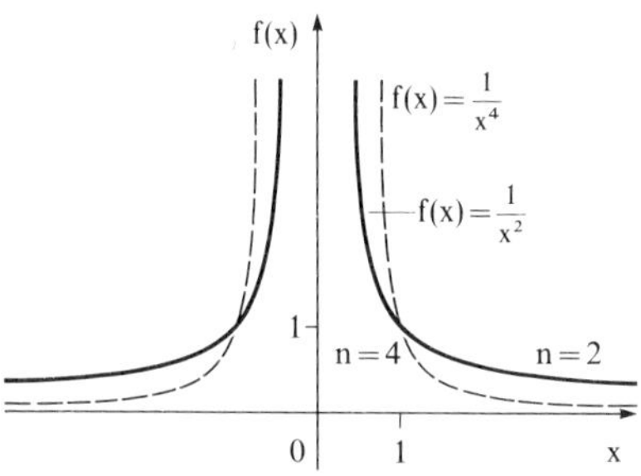

b) n gerade:
Alle Graphen gehen durch $(-1/1)$ und sind achsensymmetrisch zur Funktionswertachse.

Abbildung 3.18

Je größer n, desto näher verläuft der Graph einer solchen Funktion an der x-Achse und desto weiter weg von der Funktionswertachse.
Weitere – etwas komplizierter aufgebaute – gebrochenrationale Funktionen, angegeben durch ihre Funktionsterme $f_i(x)$:

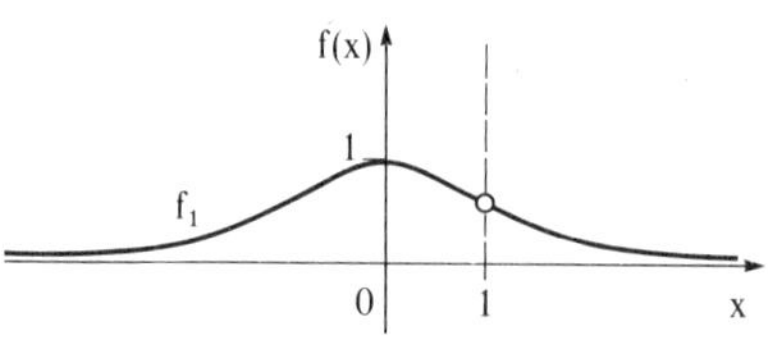

Beispiel 17:

$$f_1(x)=\frac{x-1}{x^3-x^2+x-1};$$

$$x \in \mathbb{D}_{max}=\{?\}$$

Abbildung 3.19

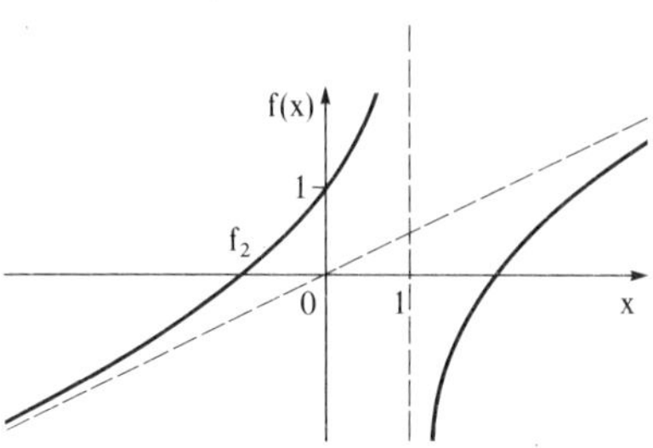

$$f_2(x)=\frac{x^2-x-2}{2x-2};$$

$$x \in \mathbb{D}_{max}=\{?\}$$

Abbildung 3.20

$$f_3(x)=\frac{4x^3-x}{4x^3};$$
$$x\in\mathbb{D}_{max}=\{?\}$$

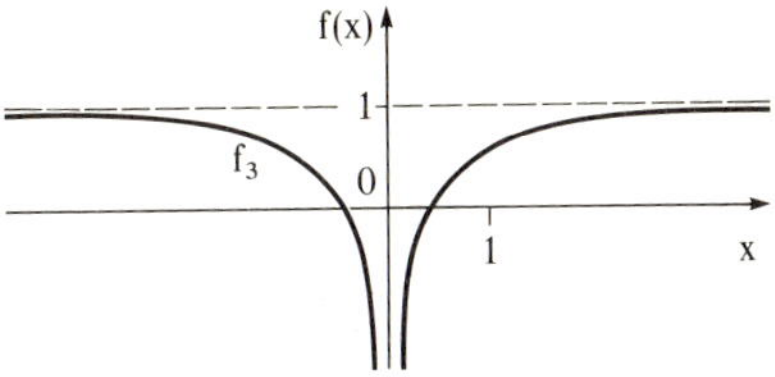

Abbildung 3.21

Definitionslücken

Man bemerkt bei den drei Funktionen ein unterschiedliches Verhalten in der Nähe der Definitionslücken: Dem Graphen der Funktion f_1 scheint an der Stelle 1 lediglich ein Punkt zu fehlen, wohingegen f_3 an der Stelle 0 „nach unten verschwindet" und f_2 an der Stelle 1 „nach oben und unten verschwindet". Es gibt also zwei verschiedene Typen von Definitionslücken: Bei f_2 und f_3 spricht man an den Stellen 1 bzw. 0 von Polstellen, bei f_1 an der Stelle 1 von hebbarer Definitionslücke; d.h., es gibt eine andere rationale Funktion, die in 1 keine Definitionslücke hat und sonst überall mit $f_1(x)=\frac{x-1}{x^3-x^2+x-1}$ übereinstimmt, nämlich $\tilde{f}_1(x)=\frac{1}{x^2+1}$:

$$x\neq 1 \Rightarrow f_1(x)=\frac{x-1}{x^3-x^2+x-1}=\frac{x-1}{(x-1)(x^2+1)}=\tilde{f}_1(x).$$

Definition 3.15: Eine Definitionslücke x_0 einer gebrochenrationalen Funktion f heißt **hebbare** (oder schließbare) **Definitionslücke** von f, wenn es eine (rationale) Funktion $\tilde{f}$ gibt, die überall (auf $\mathbb{D}_f$) mit f übereinstimmt und an der Stelle x_0 definiert ist (also dort einen Funktionswert hat).

Die Definitionslücke $x_0=0$ der Funktion f_3 ist von grundsätzlich anderer Art: Bei Annäherung an $x_0=0$ werden die Funktionswerte immer kleiner. Ähnliches gilt für die Definitionslücke $x_0=1$ der Funktion f_2: Bei Annäherung an $x_0=1$ von links werden die Funktionswerte immer größer, bei Annäherung an $x_0=1$ von rechts werden sie immer kleiner.

Definition 3.16: Eine Definitionslücke einer gebrochenrationalen Funktion f heißt **Polstelle** von f, wenn bei Annäherung an diese Stelle die Funktionswerte immer größer oder immer kleiner (über jede Grenze hinaus) werden.

Die beiden Graphen von f_2 und f_3 unterscheiden sich noch in ihrem Verhalten an den Polstellen: Der Graph von f_2 „verschwindet nach unten", gleichgültig, ob man sich von rechts oder von links der Polstelle $x_0=0$ nähert, der Graph von f_3 „strebt gegen $+\infty$ bzw. $-\infty$", je nachdem man sich von links oder rechts der Polstelle $x_0=1$ nähert.

Definition 3.17: Eine Polstelle x_0 einer gebrochenrationalen Funktion f heißt **Polstelle ohne Vorzeichenwechsel**, wenn bei links- und rechtsseitiger Annäherung an x_0 die Funktionswerte jeweils immer kleiner oder jeweils immer größer werden. Die Polstelle x_0 heißt **Polstelle mit Vorzeichenwechsel**, wenn bei linksseitiger Annäherung an x_0 die Funktionswerte immer größer, bei rechtsseitiger Annäherung an x_0 die Funktionswerte immer kleiner werden (oder umgekehrt).

Wie erkennt man, welche *Art der Definitionslücke* vorliegt?

Wir haben oben die Zähler- und Nennerpolynome der Funktionsterme als Produkt geschrieben; zu den Definitionslücken x_l gehören Linearfaktoren $(x-x_l)$ des Nennerpolynoms. Der zur hebbaren Definitionslücke 1 gehörende Linearfaktor $(x-1)$ läßt sich aus $f_1(x)$ vollständig herauskürzen, der zur Polstelle 0 von f_3 (und der Polstelle 1 von f_2) gehörende Linearfaktor $(x-0)$ (bzw. $(x-1)$) läßt sich *nicht vollständig* herauskürzen, er bleibt auch nach dem Kürzen als Faktor im Nenner stehen:

$$f_3(x)=\frac{4x^3-x}{4x^3}=\frac{x\cdot(4x^2-1)}{x\cdot 4x^2}\underset{x\neq 0}{=}\frac{(2x+1)\cdot(2x-1)}{4\cdot(x-0)^2},$$

$$f_2(x)=\frac{x^2-x-2}{2x-2}=\frac{(x+1)\cdot(x-2)}{2\cdot(x-1)}.$$

Der zur Polstelle *ohne* Vorzeichenwechsel $x_0=0$ der Funktion f_3 gehörende Linearfaktor $(x-0)$ blieb nach dem Kürzen als Quadrat im Nenner stehen: für $x<x_0=0$ und für $x>x_0=0$ gilt $(x-0)^2>0$, damit haben die Funktionswerte in der Nähe von $x_0=0$ *gleiches Vorzeichen.*
Der zur Polstelle *mit* Vorzeichenwechsel $x_0=1$ der Funktion f_2 gehörende Linearfaktor $(x-1)$ blieb nach dem Kürzen in erster Potenz im Nenner stehen: Für $x<x_0=1$ hat $(x-1)$ ein anderes Vorzeichen als für $x>x_0=1$, damit haben in der Nähe von $x_0=1$ die Funktionswerte *verschiedene Vorzeichen*, je nachdem, ob die Argumente rechts oder links von $x_0=1$ liegen.

Allgemein gilt:

Satz 3.10: Die Definitionslücke x_0 einer gebrochenrationalen Funktion f ist eine **hebbare Definitionslücke**, wenn $(x-x_0)$ aus dem Funktionsterm herausgekürzt werden kann, so daß in der Linearfaktorzerlegung des Nenners $(x-x_0)$ nicht mehr vorkommt.

x_0 ist **Polstelle** $\left\{\begin{matrix}\text{mit}\\ \text{ohne}\end{matrix}\right\}$ Vorzeichenwechsel, wenn $(x-x_0)$ in $\left\{\begin{matrix}\text{ungerader}\\ \text{gerader}\end{matrix}\right\}$ Potenz in der Linearfaktorzerlegung des Nenners des vollständig gekürzten Funktionsterms vorkommt.

Beispiel 18: Bestimmung der Art der Definitionslücken der Funktion

$$f:\quad x\to f(x)=\frac{2x^3-4x^2}{x^3+6x^2-32};\quad x\in\mathbb{D}_{max}.$$

Um die Definitionslücken zu finden, müssen die Nullstellen des Nennerpolynoms gefunden werden; hier muß zunächst durch systematisches Probieren mit den Teilern von 32 eine Nullstelle bestimmt werden: Für $x=2$ wird der Nenner 0.
Auch das Zählerpolynom hat 2 als Nullstelle. Vollständige Faktorisierung des Zähler- und Nennerpolynoms ergibt:

$$f(x)=\frac{2x^3-4x^2}{x^3+6x^2-32}=\frac{(x-2)\cdot 2x^2}{(x-2)\cdot(x+4)^2}\underset{x\neq 2}{=}\frac{2x^2}{(x+4)^2}.$$

Also hat f an der Stelle $x_1=2$ eine hebbare Definitionslücke, an der Stelle $x_2=-4$ eine Polstelle ohne Vorzeichenwechsel.

Aufgabe 26: Bestätigen Sie:

$$f:\quad x\rightarrow f(x)=\frac{3x-6}{x^2+x-6};\quad x\in\mathbb{D}_{max}$$

hat an der Stelle $x_1=2$ eine hebbare Definitionslücke, an der Stelle $x_2=-3$ eine Polstelle mit Vorzeichenwechsel.

Damit ist das Verhalten der Graphen gebrochenrationaler Funktionen in der Nähe ihrer Definitionslücken x_0 vollständig beschrieben: Die Graphen sind entweder durch einen Punkt zu vervollständigen (im Falle einer hebbaren Definitionslücke), oder sie nähern sich der Parallelen zur Funktionswertachse durch $(x_0/0)$ an, sei es nach oben und nach unten (im Falle einer Polstelle mit Vorzeichenwechsel), sei es von beiden Seiten nur nach oben (oder nur nach unten) (Polstelle ohne Vorzeichenwechsel).

Das Verhalten des Graphen gebrochenrationaler Funktionen für immer größer werdende $|x|$ beschreibt man mit Hilfe des Begriffs der Asymptoten.

Asymptoten

Wir untersuchen das Verhalten gebrochenrationaler Funktionen für $x\rightarrow\pm\infty$ also für immer größer (bzw. immer kleiner) werdende x:
Für die Funktion f_3 mit $f_3(x)=\frac{4x^3-x}{4x^3}$ aus Beispiel 17 ist diese Untersuchung einfach, wenn wir den Funktionsterm anders schreiben: $f_3(x)=1+\frac{-1}{4x^2}$. Man sieht, daß für $x\rightarrow\pm\infty$ der zweite Summand $\frac{-1}{4x^2}$ sich immer weniger von 0 unterscheidet und damit der Funktionswert $f_3(x)$ sich immer mehr 1 annähert. Der Funktionsgraph von f_3 wird also für größer werdende $|x|$ immer näher an der Geraden mit der Funktionsgleichung $g(x)=1$ liegen. $\Big($Da $\frac{-1}{4x^2}\leq 0$ für alle $x\in\mathbb{R}$ gilt, verläuft der Graph von f_3 immer unterhalb der Geraden $g(x)=1.\Big)$
Daß es in diesem Beispiel so leicht war, das Verhalten der Funktion f_3 für $x\rightarrow\pm\infty$ angenähert zu beschreiben, lag daran, daß wir f_3 zerlegen konn-

ten in die Form $f_3(x)=g(x)+h(x)$, wobei $h(x)$ für $x \to \pm\infty$ gegen Null ging. Betrachten wir ein weiteres Beispiel:

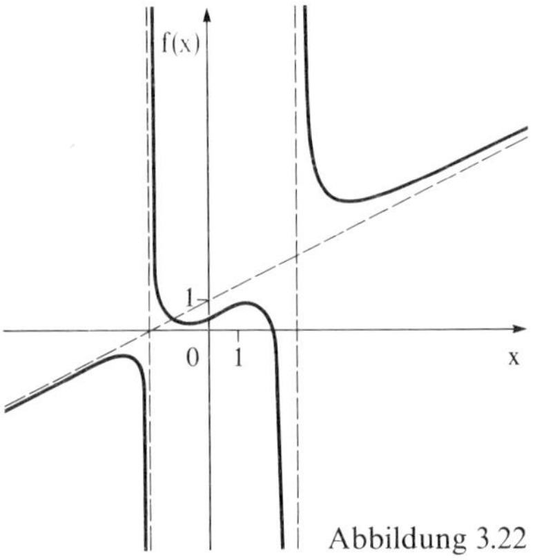

Abbildung 3.22

Beispiel 19:

$$f(x)=\frac{x^3+x^2-4x-6}{2x^2-2x-12}$$

Auch hier gibt es eine ganzrationale Funktion g, derem Graphen sich der Graph von f annähert für $x \to \pm\infty$: Es ist die lineare Funktion $g(x)=0{,}5x+1$. Das erkennt man sofort, wenn man f wie folgt zerlegt:

$$\begin{aligned} f(x)&=g(x)+h(x)\\ &=(0{,}5x+1)+\frac{4x+6}{2x^2-2x-12}. \end{aligned}$$

Die Funktion $h(x)=\frac{4x+6}{2x^2-2x-12}$ strebt für $x \to \pm\infty$ gegen Null, denn aufgrund des höheren Grades des Nennerpolynoms wird der Nenner bei wachsendem x „schneller" größer als der Zähler und damit der Bruch (also $h(x)$) vom Betrag her immer kleiner (zur genaueren Betrachtung kürze man $h(x)$ mit der höchsten Potenz des Zählers von x: Im Zähler bleibt für große $|x|$ eine endliche Zahl, der Nenner geht gegen $+\infty$ oder $-\infty$).
Wie findet man eine solche Zerlegung für eine gebrochenrationale Funktion f?
Durch das Verfahren der Polynomdivision mit Rest.

Polynomdivision mit Rest (vgl. Polynomzerlegung)

Beispiel 20 (vgl. Beispiel 19):

$$\begin{array}{l} x^3+\ x^2-4x-\ 6=(2x^2-2x-12)\cdot(0{,}5x+1)+(4x+6)\\ \underline{-(x^3-\ x^2-6x)}\\ \qquad 2x^2+2x\\ \qquad \underline{-(2x^2-2x-12)}\\ \qquad\qquad 4x+\ 6 \end{array}$$

Der Quotient

$$\frac{x^3+x^2-4x-6}{2x^2-2x-12}$$

kann also wie gewünscht als Summe

$$(0{,}5x+1)+\frac{4x+6}{2x^2-2x-12}$$

geschrieben werden.
Eine solche Zerlegung kann man immer erreichen:

Satz 3.11: Jede gebrochenrationale Funktion läßt sich eindeutig als Summe einer ganzrationalen Funktion g und einer echt gebrochenrationalen Funktion h darstellen, d.h. der Grad des Zählerpolynoms von h ist kleiner als der Grad des Nennerpolynoms.

Aufgabe 27: Zerlegen Sie die gebrochenrationale Funktion f mit

$$f(x)=\frac{2x^3+5x^2-7x+9}{x^2+3x-4}$$

in die Summe einer ganzrationalen Funktion und einer echt gebrochenrationalen Funktion.

Definition 3.18: Eine gebrochenrationale Funktion f sei gemäß Satz 3.11 als Summe $f=(g+h)$ einer ganzrationalen Funktion g und einer echt gebrochenrationalen Funktion h dargestellt. Dann heißt der Graph von g **Asymptote** des Graphens von f.

Anmerkung: Es gibt Schulbücher, die die Parallelen zur Funktionswertachse in den Polstellen „senkrechte Asymptoten" nennen. Diese Bezeichnung greifen wir nicht auf.

Beispiel 21: Bestimmung der Asymptotengleichung für

$$f(x)=\frac{2x^3-4x^2}{x^3+6x^2-32} \qquad \text{(vgl. Beispiel 18).}$$

Polynomdivision mit Rest:

$$\begin{array}{r} 2x^3-\;\;4x^2 \qquad \\ -(2x^3+12x^2-64) \\ \hline -16x^2+64 \end{array} \quad =(x^3+6x^2-32)\cdot 2+(-16x^2+64)$$

also: $f(x)=2+\frac{-16x^2+64}{x^3+6x^2-32}$; Asymptote ist damit die Gerade mit der Geradengleichung $g(x)=2$.

Aufgabe 28: Bei der Behandlung des Beispiels 18 wurde auch eine Funktion $\tilde{f}(x)=\frac{2x^2}{(x+4)^2}$ entwickelt, die überall mit f aus Beispiel 18 übereinstimmt und an der Stelle 2 definiert ist. Bestimmen Sie die Asymptote für $\tilde{f}$ (zur Übung unseres Verfahrens).

Zur Bestimmung der Asymptotengleichung ist es zweckmäßig, nach den unterschiedlichen Graden von Zähler- und Nennerpolynom zu unterscheiden:

$$f(x)=\frac{a_n x^n+a_{n-1}x^{n-1}+\ldots+a_1x+a_0}{b_m x^m+b_{m-1}x^{m-1}+\ldots+b_1x+b_0}=\frac{P_n(x)}{P_m(x)}.$$

1. Fall: $n>m$ (Das Zählerpolynom $P_n(x)$ ist von höherem Grad als das Nennerpolynom $P_m(x)$.)

Hier bestimmt man die Asymptotengleichung durch das Verfahren der Polynomdivision mit Rest.

2. Fall: $n<m$ (Das Zählerpolynom $P_n(x)$ ist von niedrigerem Grad als das Nennerpolynom $P_m(x)$.)

Hier ist die x-Achse Asymptote (denn der Nenner wird wegen der höheren Potenz „schneller" größer).

3. Fall: $n=m$ (Zählerpolynom $P_n(x)$ und Nennerpolynom $P_m(x)$ sind von gleichem Grad.)

Hier ist eine Parallele zur x-Achse im Abstand $\frac{a_n}{b_m}$ Asymptote. Den Abstand der Asymptote zur x-Achse bestimmt man als Quotienten der Koeffizienten der höchsten vorkommenden Potenzen von x.

Beispiel 22:

$f(x)=\frac{4x^3-x}{4x^3}$ Asymptotengleichung $A(x)=\frac{4}{4}=1$ (vgl. Beispiel 17)

$f(x)=\frac{2x^3-4x^2}{x^3+6x^2-32}$ Asymptotengleichung $A(x)=\frac{2}{1}=2$ (vgl. Beispiel 18)

Aufgabe 29: Bestimmen Sie für folgende gebrochenrationale Funktionen Definitionslücken und Asymptoten:

a) $f(x)=\frac{x^3}{x^2-4x+4}$ b) $f(x)=\frac{x^3-4x-3}{x^4-2x^3-3x^2+4x+4}$

3.10 Trigonometrische Funktionen

Sie haben in der Sekundarstufe I die Winkelfunktionen kennengelernt. Am Beispiel der Sinusfunktion wollen wir kurz die dort erworbenen Kenntnisse zusammenfassen und dann erweitern.
Der Sinus eines Winkels α – in Zeichen $\sin\alpha$ – wurde als Längenverhältnis der Länge der Gegenkathete von α zur Länge der Hypotenuse eines rechtwinkligen Dreiecks mit einem Winkel α bestimmt. Damit wird jedem Winkel α mit $0°<\alpha<90°$ eine reelle Zahl, nämlich $\sin\alpha$, zugeordnet.
Um auch anderen Winkeln α ($\alpha\leq 0°$ oder $\alpha\geq 90°$) eine reelle Zahl $\sin\alpha$ zuordnen zu können, betrachteten Sie die Bewegung eines Punktes P auf einem Kreis: Die Lage des Punktes P kann durch den Radius r und den Drehwinkel α angegeben werden, die Koordinaten (x_α/y_α) werden durch diese beiden Größen festgelegt.

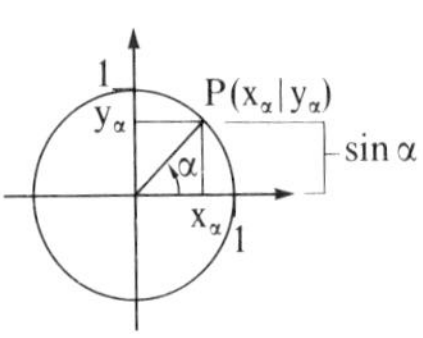

Abbildung 3.23

Für $r=1$, also bei der Kreisbewegung eines Punktes auf dem Einheitskreis, haben Sie y_α als Sinus des Winkels α identifiziert (und entsprechend x_α als $\cos\alpha$). Dabei haben Sie den Drehwinkel α als positiv bezeichnet, wenn sich P gegen den

Uhrzeigersinn bewegte, also eine Linksdrehung ausführte, anderenfalls (also bei einer Rechtsdrehung) als negativ.
Damit konnten Sie zunächst die Sinuswerte für Winkel zwischen 0° und 360° definieren und die Kurve zeichnen:

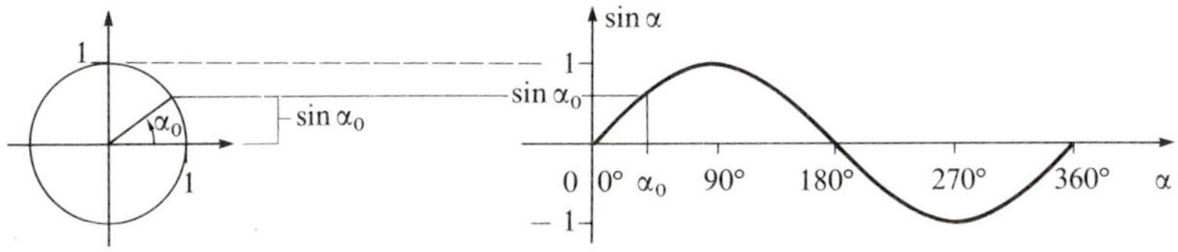

Abbildung 3.24

Sie hatten Drehwinkel $>360°$ (und negative Drehwinkel $\alpha<0°$) betrachtet: Für einen Drehwinkel $\alpha>360°$ mußte der Einheitskreis mehrmals umlaufen werden: $\alpha=k\cdot 360°+\hat{\alpha}$, $0°\leq\hat{\alpha}<360°$, $k\in\mathbb{N}$ und Sie definierten: $\sin\alpha=\sin\hat{\alpha}$.
Für negative Drehwinkel gingen Sie entsprechend vor:
Der Einheitskreis wurde im Uhrzeigersinn durchlaufen. Wieder gab es zu jedem α ein k, so daß $\alpha=k\cdot 360°+\hat{\alpha}$ mit $0°\leq\hat{\alpha}<360°$ geschrieben werden konnte, nur waren jetzt für k die Zahlen $-1, -2, -3, \ldots$ einzusetzen.

Beispiel: $\alpha=-650° \Rightarrow \alpha=(-2)\cdot 360°+70°$.

Sie hatten wieder definiert $\sin\alpha:=\sin\hat{\alpha}$.

Wir fassen zusammen:

> Zu jedem Drehwinkel α gibt es ein $k\in\mathbb{Z}$ und ein $\hat{\alpha}$, $0\leq\hat{\alpha}<360°$, so daß $\alpha=k\cdot 360°+\hat{\alpha}$.
> Unter $\sin\alpha$ versteht man dann die Zahl $\sin\hat{\alpha}$.

Damit gilt:

$$\sin\alpha=\sin(k\cdot 360°+\alpha)$$

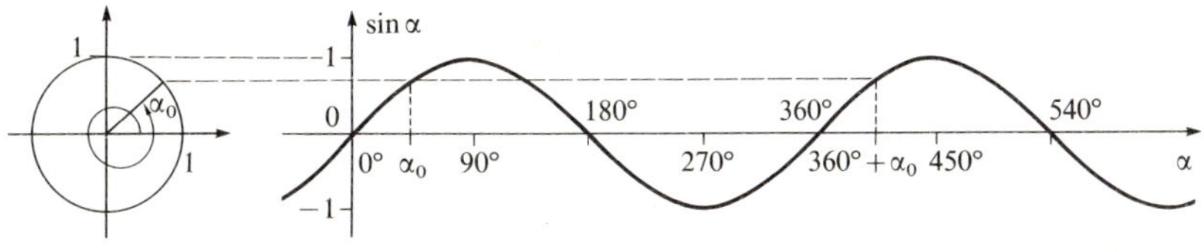

Abbildung 3.25

Diese Eigenschaft nennt man **Periodizität**.

Die analog dem obigen Vorgehen für alle Winkel fortgesetzte Kosinuskurve weist ebenfalls diese Eigenschaft auf:

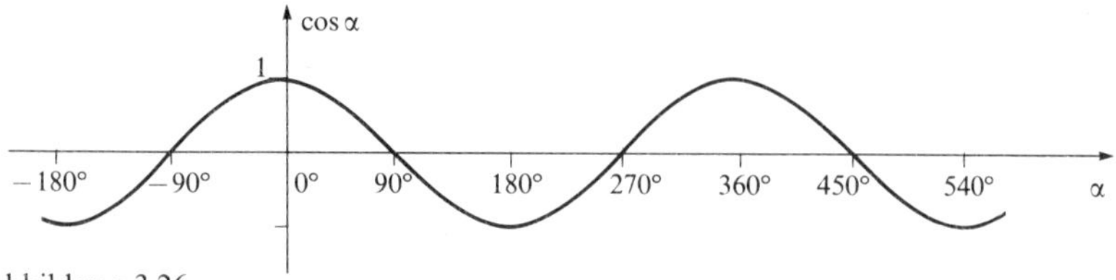

Abbildung 3.26

Für alle α gilt:

$$\cos\alpha = \cos(k \cdot 360° + \alpha) \qquad k \in \mathbb{Z}.$$

Man erkennt aus den Zeichnungen der Sinuskurve und der Kosinuskurve:

- Für alle Winkel α gilt:

$$-1 \leq \sin\alpha \leq 1 \qquad -1 \leq \cos\alpha \leq 1$$

- Die Sinuskurve ist punktsymmetrisch zum Koordinatenursprung:
  Für alle α gilt:

$$\sin\alpha = -\sin(-\alpha)$$

- Die Kosinuskurve ist achsensymmetrisch zur Funktionswertachse:
  Für alle α gilt:

$$\cos\alpha = \cos(-\alpha)$$

- Für alle Winkel zwischen 0° und 90° gilt:

$$\sin\alpha = \sin(180° - \alpha)$$
$$\cos\alpha = -\cos(180° - \alpha)$$

- Für alle α gilt:

$$\cos\alpha = \sin(90° + \alpha)$$

- Aus der Einführung der Winkelfunktionen ist Ihnen sicher noch die durch Anwendung des Satzes von Pythagoras gewonnene Beziehung

$$\sin^2\alpha + \cos^2\alpha = 1$$ für alle α bekannt.

(Hier steht $\sin^2\alpha$ für $\sin\alpha \cdot \sin\alpha$.)

Wir haben von der Sinus- und der Kosinusfunktion gesprochen, obwohl wir den Begriff „Funktion“ nur für Zuordnungen zwischen reellen Zahlen verwendet haben. Der Definitionsbereich der in der Sekundarstufe I entwikkelten Sinus- und Kosinusfunktion war aber die Menge der Winkelgrößen. Wie bringt man Winkelgrößen und reelle Zahlen zusammen? Durch das Bogenmaß:

Definition 3.19: Unter dem **Bogenmaß** rad (α) eines Winkels α versteht man die Länge des Bogens am Einheitskreis, den der Radius bei der Linksdrehung um den Winkel α überstreicht.

Ein Grad (1°) entspricht dem 360sten Teil des Umfangs des Einheitskreises, also $\frac{2\pi}{360}$. Ein Winkel von $\alpha°$ hat das Bogenmaß

$$\text{rad}(\alpha)=\alpha\cdot\frac{2\pi}{360}=\alpha\cdot\frac{\pi}{180}\approx\alpha\cdot 0{,}01745.$$

Beispiel 23:

α	90°	180°	270°	360°
rad (α)	$\frac{1}{2}\pi$	π	$\frac{3}{2}\pi$	2π

Wir können jetzt die Sinus- und Kosinusfunktion als reelle Funktionen definieren:

Definition 3.20: Ist $x\in\mathbb{R}$ das Bogenmaß eines Winkels α, $0°\leq\alpha<360°$, also $x=\alpha\frac{\pi}{180}$, dann sei

$$\sin x=\sin\alpha.$$
$$\cos x=\cos\alpha.$$

Diese Definition setzen wir auf $\mathbb{R}$ fort, wie wir es bei der Definition von sin für Winkel größer als 360° und negative Winkel getan haben:

Definition 3.21: Zu jedem $x\in\mathbb{R}$ gibt es ein $k\in\mathbb{Z}$, so daß $x=\hat{x}+2k\pi$ mit $0\leq\hat{x}<2\pi$. Dann sei

$$\sin x=\sin\hat{x}$$
$$\cos x=\cos\hat{x}.$$

sin: $x\to\sin x$

x	sin x
$-\pi$	0
$-0{,}5\pi$	-1
0	0
$0{,}5\pi$	1
π	0
$1{,}5\pi$	-1
2π	0

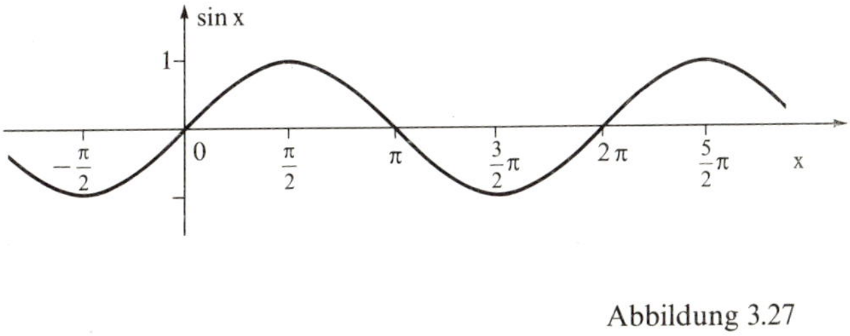

Abbildung 3.27

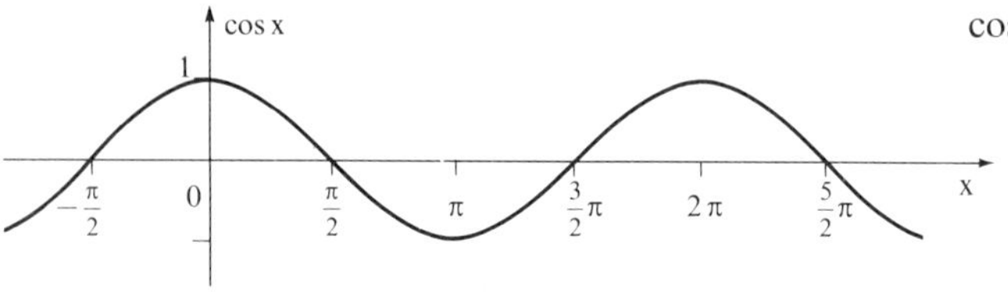

cos: x → cos x

x	cos x
$-\pi$	-1
$-0{,}5\pi$	0
0	1
$0{,}5\pi$	0
π	-1
$1{,}5\pi$	0
2π	1

Abbildung 3.28

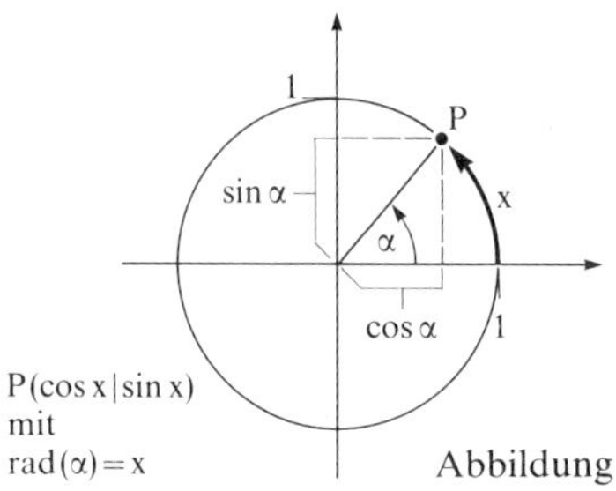

Abbildung 3.29

Man kann nun sin x (bzw. cos x) deuten als y-Koordinate (bzw. x-Koordinate) des Punktes P, der eine Kreisbewegung auf dem Einheitskreis um den Winkel x (im Bogenmaß gemessen) ausführt.

Alle Eigenschaften, die Sie für den Sinus und Kosinus eines Winkels kennengelernt haben (vgl. z.B. die Formeln auf S. 68ff.), gelten natürlich auch für die reelle Sinus- und Kosinusfunktion:

– Die sin- und die cos-Funktion sind periodische Funktionen mit der Periode 2π: Für alle $x \in \mathbb{R}$ und alle $z \in \mathbb{Z}$ gilt:

$$\sin(x + z \cdot 2\pi) = \sin x$$
$$\cos(x + z \cdot 2\pi) = \cos x.$$

– Die Funktionswerte der Sinus- und der Kosinusfunktion liegen alle zwischen -1 und 1.

– Die sin-Funktion ist punktsymmetrisch zum Koordinatenursprung, die cos-Funktion ist achsensymmetrisch zur Funktionswertachse:
Für alle $x \in \mathbb{R}$ gilt:

$$\sin x = -\sin(-x)$$
$$\cos x = \cos(-x)$$

– Für alle x mit $0 \leq x < \frac{\pi}{2}$ gilt:

$$\sin x = \sin(\pi - x)$$
$$\cos x = -\cos(\pi - x)$$

– Für alle $x \in \mathbb{R}$ gilt:

$$\cos x = \sin\left(\frac{\pi}{2} + x\right)$$

– Es gilt:

$$\sin^2 x + \cos^2 x = 1$$

Definition 3.22: Die Funktionen

$$\tan\colon\ x \to \tan x = \frac{\sin x}{\cos x}; \quad x \in \mathbb{R} \setminus \left\{ \frac{2k+1}{2}\pi,\ k \in \mathbb{Z} \right\}$$

$$\cot\colon\ x \to \cot x = \frac{\cos x}{\sin x}; \quad x \in \mathbb{R} \setminus \{ k\pi,\ k \in \mathbb{Z} \}$$

heißen **Tangens-** und **Kotangensfunktion**.

$\tan\colon\ x \to \tan x;\quad x \in \mathbb{D}_{\tan}$

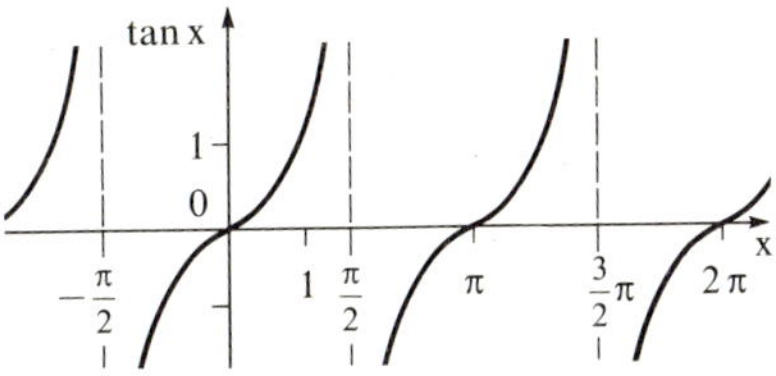

Abbildung 3.30

$\cot\colon\ x \to \cot x;\quad x \in \mathbb{D}_{\cot}$

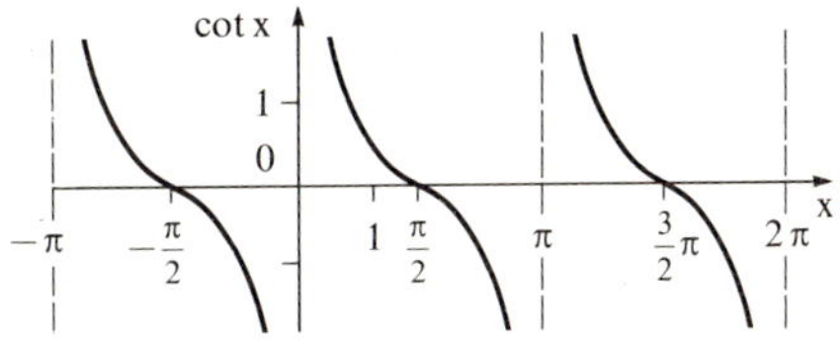

Abbildung 3.31

Die tan-Funktion ist eine periodische Funktion mit Periode π, ebenso die cot-Funktion: Für alle $x \in \mathbb{R}$ und $k \in \mathbb{Z}$ gilt:

$$\tan x = \tan(x + k \cdot \pi)$$
$$\cot x = \cot(x + k \cdot \pi)$$

Aus Definition 3.22 folgt unmittelbar:
Für alle $x \in \mathbb{R}$ gilt:

$$\tan x = \frac{1}{\cot x}$$

3.11 Abschnittsweise definierte Funktionen

Bisher sind Funktionen betrachtet worden, die in ihrem Definitionsbereich durch einen einheitlichen Funktionsterm beschrieben wurden. Es gibt auch andere Funktionsbeschreibungen:

Beispiel 24:

$$f\colon\ x \to f(x) = \begin{cases} (x+2)^2 & \text{für } x < -2 \\ x+2 & \text{für } -2 \leq x < 0 \\ \sqrt{x} & \text{für } 0 \leq x \leq 3 \\ -0{,}5x + 3{,}5 & \text{für } 3 < x \end{cases}$$

Eine solche Funktion nennt man eine **abschnittsweise definierte Funktion**.

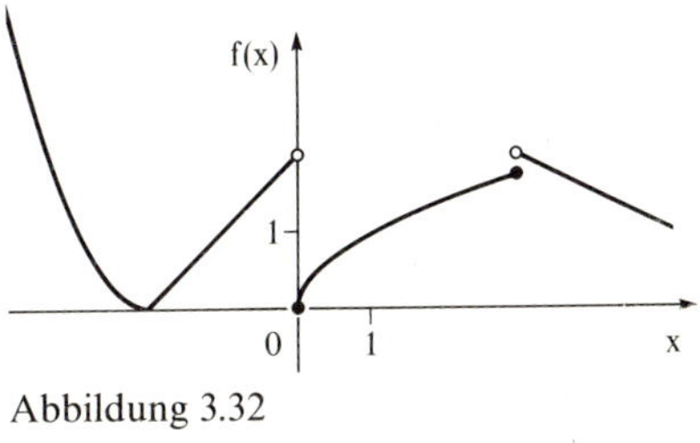

Abbildung 3.32

Einige besondere Funktionen dieses Typs:

1) Betragsfunktion

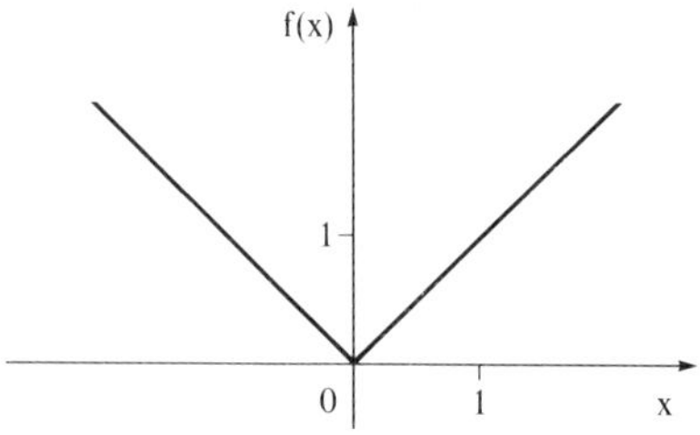

Abbildung 3.33

$$| \; |: \quad x \to |x| = \begin{cases} -x & \text{für } x < 0 \\ x & \text{für } 0 \leq x \end{cases}$$

Die Betragsfunktion hat also nur nichtnegative Funktionswerte. Sie dient insbesondere zum Messen von Abständen (s. auch S. 10).

2) Gauß-Klammer-Funktion (Integer-Funktion)

Diese Funktion ordnet jedem Argument x die größte ganze Zahl zu, die kleiner oder gleich x ist.

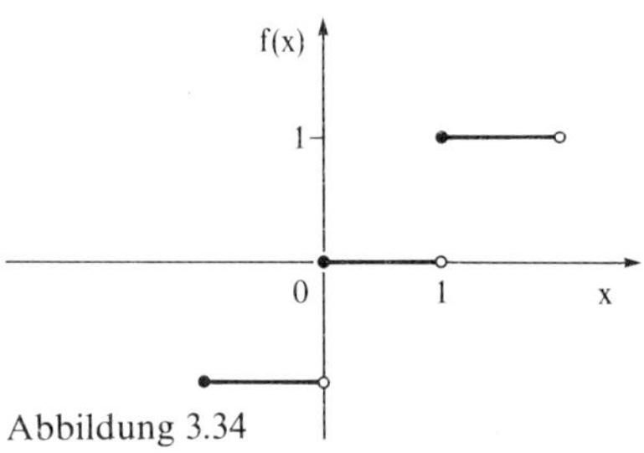

Abbildung 3.34

$$[\;]: x \to [x] = \begin{cases} \vdots & \\ -2 & \text{für } -2 \leq x < -1 \\ -1 & \text{für } -1 \leq x < 0 \\ 0 & \text{für } 0 \leq x < 1 \\ 1 & \text{für } 1 \leq x < 2 \\ 2 & \text{für } 2 \leq x < 3 \\ \vdots & \end{cases}$$

(gelesen: Gaußklammer von x).

Beachte: $[3{,}1] = 3$ aber $[-3{,}1] = -4$!

3) Vorzeichenfunktion (Signum-Funktion)

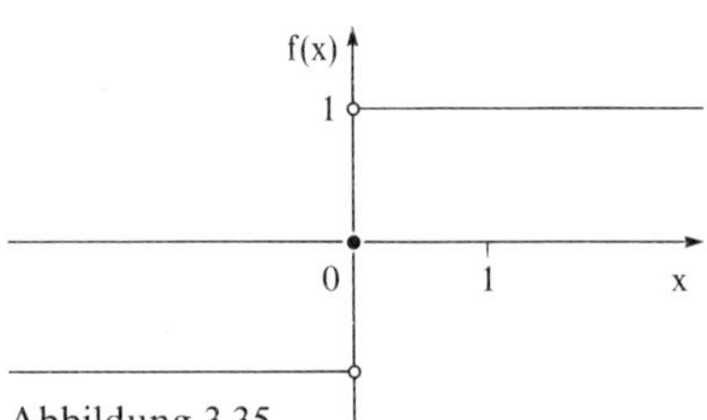

Abbildung 3.35

$$\text{sgn}: \quad x \to \text{sgn}(x) = \begin{cases} -1 & \text{für } x < 0 \\ 0 & \text{für } x = 0 \\ 1 & \text{für } 0 < x \end{cases}$$

(gelesen: signum von x).

4) Heaviside-Funktion (Indikator-Funktion)

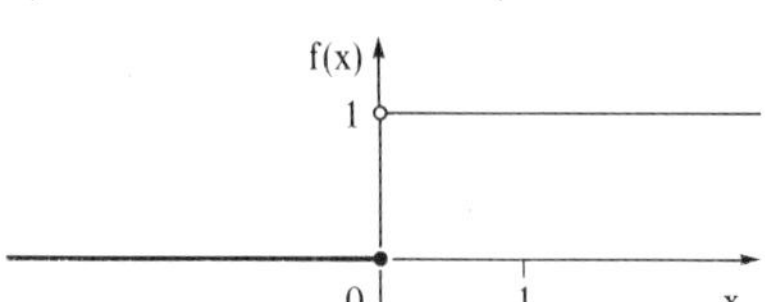

Abbildung 3.36

$$H: \quad x \to H(x) = \begin{cases} 1 & \text{für } 0 < x \\ 0 & \text{für } x \leq 0 \end{cases}$$

(gelesen: Heaviside von x).

Im letzten Teil dieses Kapitels beschäftigen wir uns jetzt mit den elementaren Eigenschaften von Funktionen, den Verschiebungen und Streckungen von Funktionsgraphen, den Nullstellen und Schnittpunkten von Graphen und mit der Symmetrie.

3.12 Verschiebungen und Streckungen von Funktionsgraphen und zugehörige Änderung von Funktionstermen

Funktionsgraphen lassen sich einfacher zeichnen, wenn man Verschiebungen von Kurven im Funktionsterm erkennen kann.

Beispiel 25: Betrachten Sie die Funktion

$$f\colon x \to f(x) = x^2 + 1{,}5; \quad x \in \mathbb{R}.$$

Der Graph dieser Funktion ist eine um 1,5 in Richtung der Funktionswertachse verschobene Normalparabel; an jeder Stelle x_0 liegt der Punkt des Funktionsgraphen von $f(x) = x^2 + 1{,}5$ um 1,5 höher als der entsprechende Punkt der Normalparabel $h(x) = x^2$.

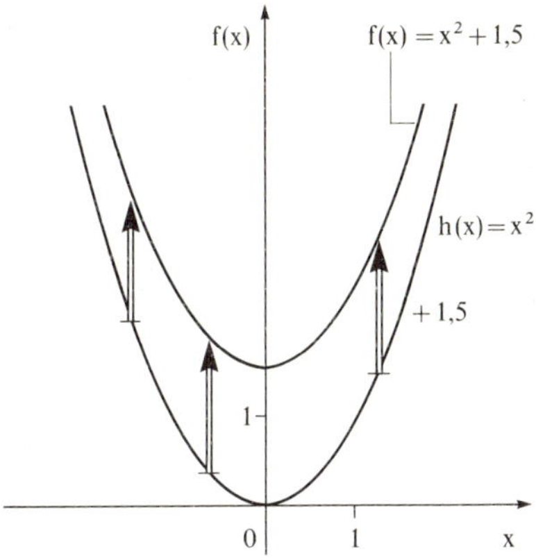

Abbildung 3.37

Eine solche Verschiebung läßt sich natürlich mit jedem Funktionsgraphen durchführen, indem man an jeder Stelle x_0 zum Funktionswert $f(x_0)$ eine feste Zahl $k \in \mathbb{R}$ addiert:

Satz 3.12: Gegeben sind zwei Funktionen f und f_1 und eine Zahl $k \in \mathbb{R}$ mit $f_1(x) = f(x) + k$.
Man erhält den Graphen von f_1, indem man den Graphen von f um k Einheiten in Richtung der Funktionswertachse verschiebt.

Ist $\begin{Bmatrix} k > 0 \\ k < 0 \end{Bmatrix}$, erfolgt die Verschiebung nach $\begin{Bmatrix} \text{oben} \\ \text{unten} \end{Bmatrix}$.

Häufig spricht man einfach von der y-Achse statt von Funktionswertachse. Wir wollen im weiteren aber den Begriff „Funktionswertachse“ benutzen, da er korrekter ist.
Man kann einen Funktionsgraphen natürlich auch in Richtung der x-Achse verschieben:

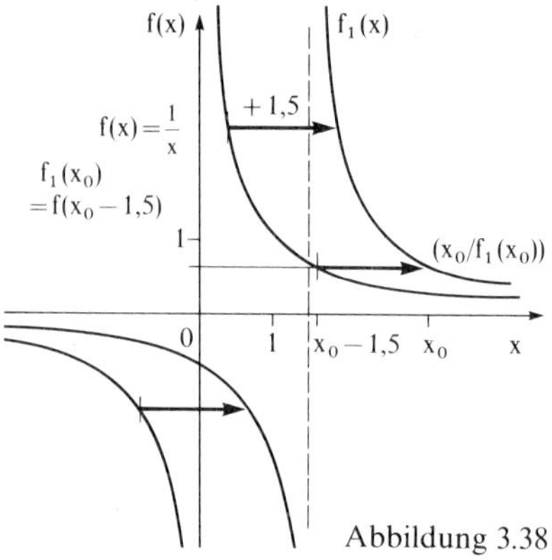

Abbildung 3.38

Beispiel 26:

$$f(x)=\frac{1}{x}, \quad a=1{,}5.$$

Man erkennt, daß ein Kurvenpunkt $(x_0/f(x_0))$ der verschobenen Funktion f_1 auf der gleichen Höhe liegt (also die gleiche y-Koordinate hat) wie der entsprechende Punkt der Ausgangsfunktion f:

$$f_1(x_0)=f(x_0-1{,}5),$$

$$\text{z.B. } f_1(2)=f(2-1{,}5)=f(0{,}5).$$

Man erkennt: Um den Funktionsterm $f_1(x)$ zu erhalten, muß man in den Funktionsterm der ursprünglichen Funktion $f(x)=\frac{1}{x}$ das Argument x durch $(x-1{,}5)$ ersetzen:

$$f_1(x)=f(x-1{,}5)=\frac{1}{x-1{,}5}.$$

Satz 3.13: Gegeben sind zwei Funktionen f und f_1 und eine Zahl $a \in \mathbb{R}$ mit $f_1(x)=f(x-a)$.
Man erhält den Graphen von f_1, indem man den Graphen von f um a Einheiten in Richtung der x-Achse verschiebt.
Für a positiv wird der Graph nach rechts verschoben, für a negativ nach links.

Nun betrachten wir Funktionen, die aus einer vorgegebenen Funktion durch Multiplikation des Funktionsterms mit einem konstanten Faktor k hervorgehen: $f_i(x)=k \cdot f(x)$.

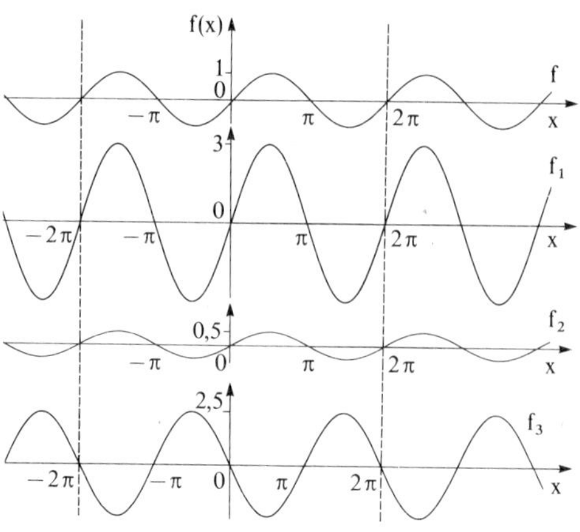

Beispiel 27:

f: $x \to f(x) = \sin x$

f_1: $x \to f_1(x)=3 \cdot \sin x$

f_2: $x \to f_2(x)=0{,}5 \cdot \sin x$

f_3: $x \to f_3(x)=-2{,}5 \cdot \sin x$

Abbildung 3.39

Der Graph der Funktion $f_1(x)=k\cdot f(x)$, $k\in\mathbb{R}$ zeigt gegenüber dem Graphen von f(x) folgende Veränderung:

> Die Multiplikation der Funktionswerte mit dem Faktor k bewirkt
> - eine Dehnung senkrecht zur x-Achse, wenn $|k|>1$ ist
> - eine Stauchung senkrecht zur x-Achse, wenn $|k|<1$ ist.
>
> Ist $k<0$, so erfolgt zusätzlich eine Spiegelung an der x-Achse.

Ebenso wie man den Funktionsterm mit einem Faktor k multiplizieren kann, kann man natürlich auch das Argument mit einem Faktor a multiplizieren (vgl. auch die Sätze 3.12 und 3.13):

Abbildung 3.40

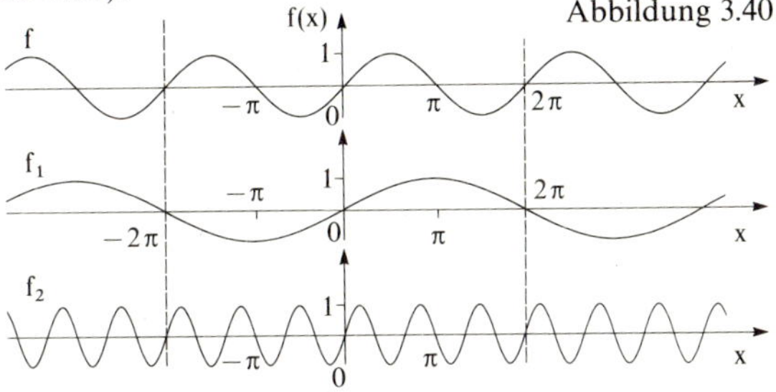

Beispiel 28:

$f(x) \;=\sin x$

$f_1(x)=f(0{,}5\,x)=\sin(0{,}5\,x)$

$f_2(x)=f(3x)=\sin 3x$

Das Beispiel 28 zeigt:

> Der Graph der Funktion $f_1(x)=\sin(ax)$ ist gegenüber dem Graphen der Funktion $f(x)=\sin x$ senkrecht zur Funktionswertachse
> $\left\{\begin{matrix}\text{gestaucht}\\ \text{gedehnt}\end{matrix}\right\}$, wenn $\left\{\begin{matrix}|a|>1\\ 0<|a|<1\end{matrix}\right\}$ gilt.

Wir wenden die vorausgegangenen Überlegungen auf das Zeichnen einer in Scheitelpunktsform gegebenen Parabel an (durch Zurückführung auf den Graphen der Normalparabel $f(x)=x^2$):

Abbildung 3.41

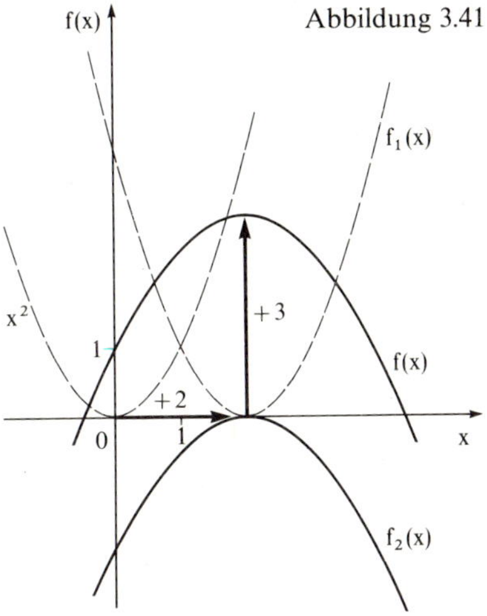

Beispiel 29: Zeichnung des Funktionsgraphen zu $f(x)=-\frac{1}{2}(x-2)^2+3$.

1) Verschiebe die Normalparabel um 2 Einheiten nach rechts:
   $f_1(x)=(x-2)^2$
2) Stauche den Graphen von f_1 und spiegele an der x-Achse:
   $f_2(x)=-\frac{1}{2}f_1(x)$
   $\quad\;\;=-\frac{1}{2}(x-2)^2$
3) Verschiebe den Graphen von f_2 um 3 Einheiten nach oben:
   $f(x)=f_2(x)+3=-\frac{1}{2}(x-2)^2+3$

Aufgabe 30: Gegeben sind jeweils zwei Funktionen f und f_1. Zeichnen Sie den Graphen von f und entwickeln Sie daraus den Graphen von f_1 ohne Wertetabelle.

a) $f(x)=\frac{1}{x^2}$; $\quad f_1(x)=\frac{1}{(x-2)^2}+1$

b) $f(x)=\sqrt{25-x^2}$; $\quad f_1(x)=-\sqrt{25-(x+3)^2}$

c) $f(x)=2^x$; $\quad f_1(x)=2^{x-2}+1$

Aufgabe 31: Gegeben ist die Funktion f durch $f(x)=3x^2-1$.
Verschieben Sie den Graphen um (-2) Einheiten in Richtung der Funktionswertachse und um 1,5 Einheiten in Richtung der x-Achse und geben Sie zu dieser Funktion f_1 den Funktionsterm an.

Aufgabe 32: Begründen Sie durch Umformungen, daß die Graphen der angegebenen Funktionen aus Verschiebungen von Graphen der Potenzfunktionen gezeichnet werden können.

a) $f(x)=-2x^2-12x-14$ $\quad$ b) $f(x)=x^3+3x^2+3x+1$

c) $f(x)=x^3-3x^2+3x-3$

3.13 Nullstellen und Schnittpunkte von Funktionsgraphen

Manchmal muß man Schnittpunkte von Funktionsgraphen bestimmen. Wie macht man das? Die Überlegung, daß ein Schnittpunkt $S(x_s/y_s)$ auf beiden Graphen liegen muß, daß also x_s und y_s beide Funktionsgleichungen erfüllen müssen, führt dazu, daß man beide Funktionsterme gleichsetzt und die Lösungsmenge der Gleichung berechnet.

Beispiel 30: Zu bestimmen sind die Schnittpunkte der Graphen der Funktionen f_1: $x \to f_1(x)=x^2$ und f_2: $x \to f_2(x)=-\frac{1}{4}x^2+\frac{1}{2}x+\frac{7}{4}$.

Zeichnerische Lösung

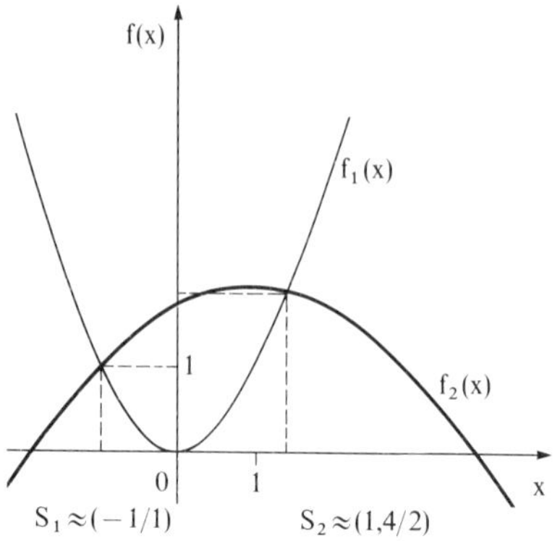

Rechnerische Lösung

$f_1(x_s)=f_2(x_s)$

$\Rightarrow\; x_s^2=-\frac{1}{4}x_s^2+\frac{1}{2}x_s+\frac{7}{4}$

$\Leftrightarrow\; \frac{5}{4}x_s^2-\frac{1}{2}x_s=\frac{7}{4}$

$\Leftrightarrow\; x_s^2-\frac{2}{5}x_s+(\frac{1}{5})^2=\frac{36}{25}$

$\Leftrightarrow\; x_s=-1 \;\vee\; x_s=\frac{7}{5}$

Mit $f(-1)=1$ und $f(\frac{7}{5})=\frac{49}{25}$

folgt: $S_1(-1/1)$ und $S_2(\frac{7}{5}/\frac{49}{25})$ sind Schnittpunkte von f_1 und f_2.

Abbildung 3.42

Schnittpunkte eines Funktionsgraphen mit der x-Achse heißen **Nullpunkte**. Jeder Punkt der x-Achse hat die y-Koordinate 0, also führt der Ansatz $f(x_N)=0$ zur Bestimmung der x-Koordinaten der Nullpunkte. Diese nennt man **Nullstellen** der Funktion.

Definition 3.23: Sei f eine reelle Funktion und $x_N \in \mathbb{D}_f$. Gilt $f(x_N)=0$, so heißt x_N **Nullstelle** der Funktion f.

Beispiel 31: Gesucht sind die Nullstellen der Funktion $f(x) = -\frac{1}{4}x^2 + \frac{1}{2}x + \frac{7}{4}$.

Rechnerische Lösung

x_N ist Nullstelle von f genau dann, wenn gilt $f(x_N)=0$, also

$$-\tfrac{1}{4}x_N^2 + \tfrac{1}{2}x_N + \tfrac{7}{4} = 0.$$

Dieser Ansatz führt hier zu:

$$x_{N_1} = 1-\sqrt{8} \quad \vee \quad x_{N_2} = 1+\sqrt{8}$$
$$= 1-2\sqrt{2} \qquad\qquad = 1+2\sqrt{2}$$
$$\approx -1{,}83 \qquad\qquad \approx 3{,}83$$

Zeichnerische Lösung

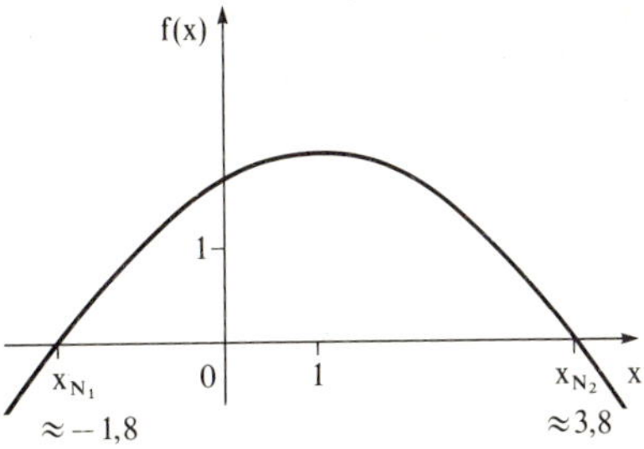

Abbildung 3.43

Das Problem der Nullstellenbestimmung einer Funktion reduziert sich also, wie das der Schnittpunktbestimmung von Funktionsgraphen, auf eine Lösungsmengenbestimmung von Gleichungen. Zur weiteren Übung sei hier auf die entsprechenden Bände der Duden-Schülerhilfen für die Sekundarstufe I hingewiesen, für spezielle Verfahren auch auf die Abschnitte „Horner-Schema" und „Polynomdivision" dieses Bandes.

Aufgabe 33: Bestimmen Sie die Schnittpunkte der Graphen der Funktionen f_1 und f_2:

a) $f_1(x) = x^2 - 4$; $f_2(x) = -2x - 1$ b) $f_1(x) = 4x^2 + x$; $f_2(x) = x^3 + 4$

Aufgabe 34: Bestimmen Sie die Nullstellen der Funktion f:

a) $f(x) = 0{,}5(x-2)^2 - 2$ b) $f(x) = 0{,}5x^2 - 2x + 4$

3.14 Symmetrie

Bei manchen Funktionen weisen die zugehörigen Graphen Symmetrieeigenschaften auf.

Beispiel 32: Der Graph der Funktion

$$f\colon x \to -x^4 + 2x^2 + 3; \quad x \in \mathbb{R}$$

ist achsensymmetrisch zur Funktionswertachse, d.h. achsensymmetrisch mit der Funktionswertachse als Symmetrieachse.

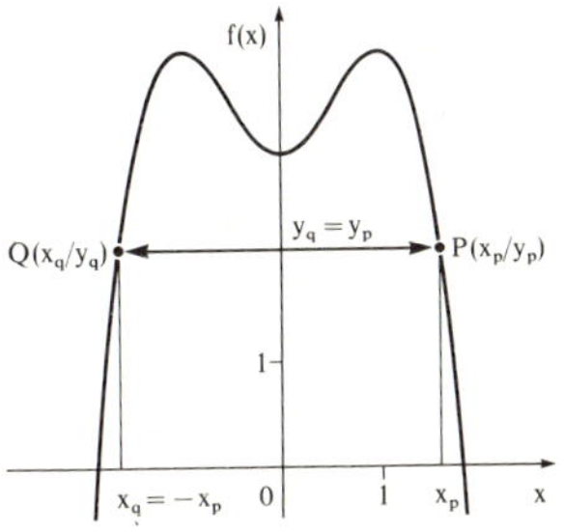

Abbildung 3.44

Wie kann man diese Achsensymmetrie im Funktionsterm erkennen? Der Punkt $P(x_p/y_q)$ muß einen Bildpunkt $Q(x_q/y_q)$ haben, für dessen Koordinaten gelten muß: $x_q = -x_p$ und $y_q = y_p$. Da beide Punkte auf dem Funktionsgraphen liegen, muß gelten: $f(x_p) = y_p = y_q = f(x_q) = f(-x_p)$.

Definition 3.24: Eine reelle Funktion heißt **achsensymmetrisch zur Funktionswertachse** genau dann, wenn für alle $x \in \mathbb{D}_f$ gilt:

$$f(x) = f(-x).$$

Natürlich muß bei einer zur Funktionswertachse symmetrischen Funktion auch der Definitionsbereich symmetrisch um 0 liegen, d.h. mit $x \in \mathbb{D}_f$ muß auch $-x \in \mathbb{D}_f$ gelten für alle x.

Beispiel 33: Die Funktion f mit $f(x) = x^6 + 3x^4 - 2x^2 + 5$ ist achsensymmetrisch zur Funktionswertachse, denn für alle $x \in \mathbb{R}$ gilt:

$$f(-x) = (-x)^6 + 3(-x)^4 - 2(-x)^2 + 5 = x^6 + 3x^4 - 2x^2 + 5 = f(x).$$

Verallgemeinerung der Schlüsse des Beispiels ergibt:

Satz 3.14: Ganzrationale Funktionen, deren Funktionsterm nur gerade Exponenten der Variablen enthält, sind achsensymmetrisch zur Funktionswertachse.
Solche Funktionen heißen auch **gerade Funktionen**.

Die Punktsymmetrie eines Graphen zum Koordinatenursprung (0/0) ist ähnlich leicht zu beschreiben:

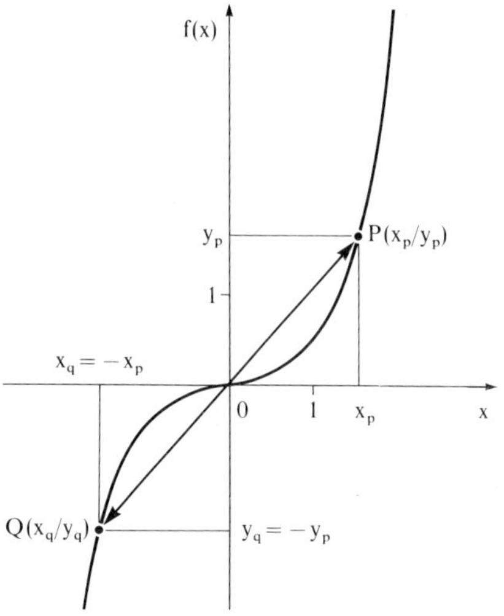

Beispiel 34:

$$f\colon\ x \to f(x) = 0{,}5x^3; \quad x \in \mathbb{R}$$

ist punktsymmetrisch zu (0/0): Mit $P(x_p/y_p)$ liegt auch der Bildpunkt $Q(x_q/y_q)$ auf dem Graphen.
Für die Koordinaten von Q muß gelten:

$$x_q = -x_p \quad \text{und} \quad y_q = -y_p,$$

also auch

$$f(-x_p) = f(x_q) = y_q = -y_p,$$

also

$$f(x_p) = -f(-x_p).$$

Abbildung 3.45

Definition 3.25: Eine reelle Funktion heißt **punktsymmetrisch zum Koordinatenursprung** (0/0) genau dann, wenn für alle $x \in \mathbb{D}_f$ gilt:

$$f(x) = -f(-x).$$

Wieder muß der Definitionsbereich symmetrisch um 0 liegen (s. o.).

Beispiel 35: Die Funktion f mit $f(x) = 3x^3 + 4x$ ist punktsymmetrisch zum Koordinatenursprung, denn für alle $x \in \mathbb{R}$ gilt

$$f(-x) = 3(-x)^3 + 4(-x) = -3x^3 - 4x = -(3x^3 + 4x) = -f(x)$$

und damit $f(x) = -f(-x)$.

Verallgemeinernd:

Satz 3.15: Ganzrationale Funktionen, deren Funktionsterm nur ungerade Exponenten der Variablen enthält, sind punktsymmetrisch zum Koordinatenursprung.
Solche Funktionen heißen auch **ungerade Funktionen**.

Aufgabe 35: Untersuchen Sie das Symmetrieverhalten folgender Funktionen:

a) $f_1(x) = \frac{1}{x}$ b) $f_2(x) = \frac{1}{x^2}$ c) $f_3(x) = \frac{1}{x+1}$ d) $f_4(x) = \frac{1}{x^2+3}$

e) $f_5(x) = |x^3|$ f) $f_6(x) = \sqrt{|x|}$ g) $f_7(x) = |x-2|$

Aufgabe 36: Gibt es eine zur x-Achse symmetrische Funktion?

Man kann den Begriff der Symmetrie zur Funktionswertachse verallgemeinern zum Begriff der Achsensymmetrie eines Funktionsgraphens zu einer Parallelen $x = x_0$ zur Funktionswertachse:

Beispiel 36:

$$f(x) = -(x-3)^2 + 2{,}5$$

ist achsensymmetrisch zur Parallelen $x = x_0 = 3$ zur Funktionswertachse, denn für alle $x \in \mathbb{R}$ gilt:

$$y_p = f(x_p) = -(x_p - 3)^2 + 2{,}5$$

und

$$\begin{aligned} y_q = f(x_q) &= f(2 \cdot 3 - x_p) \\ &= -(6 - x_p - 3)^2 + 2{,}5 \\ &= -(3 - x_p)^2 + 2{,}5 \end{aligned}$$

also $y_q = y_p$.

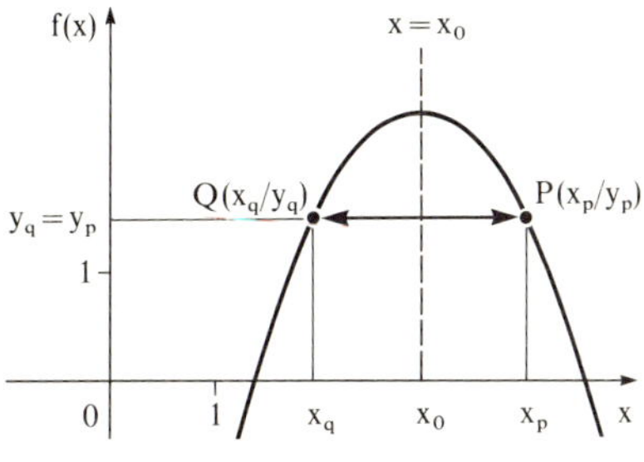

Abbildung 3.46

Definition 3.26: Eine reelle Funktion heißt **achsensymmetrisch zu einer Parallelen zur Funktionswertachse** mit der Gleichung $x = x_0$ genau dann, wenn für alle $x \in \mathbb{D}_f$ gilt:

$$f(x) = f(2x_0 - x).$$

Ebenso wie der Begriff der Achsensymmetrie nicht nur auf die Funktionswertachse als Symmetrieachse bezogen sein muß, muß der Begriff der Punktsymmetrie nicht nur auf den Koordinatenursprung als Zentrum bezogen sein.

Beispiel 37: Die Funktion f mit

$$f(x) = -0{,}5(x-3)^3 + 4$$

ist punktsymmetrisch zum Punkt Z(3/4), denn für alle $x_p \in \mathbb{R}$ gilt:

$$y_q = 2 \cdot 4 - y_p = 2 \cdot 4 - f(x_p) = 2 \cdot 4 - (-0{,}5(x_p - 3)^3 + 4)$$

und

$$y_q = f(x_q) = f(2 \cdot 3 - x_p) = -0{,}5((2 \cdot 3 - x_p) - 3)^3 + 4.$$

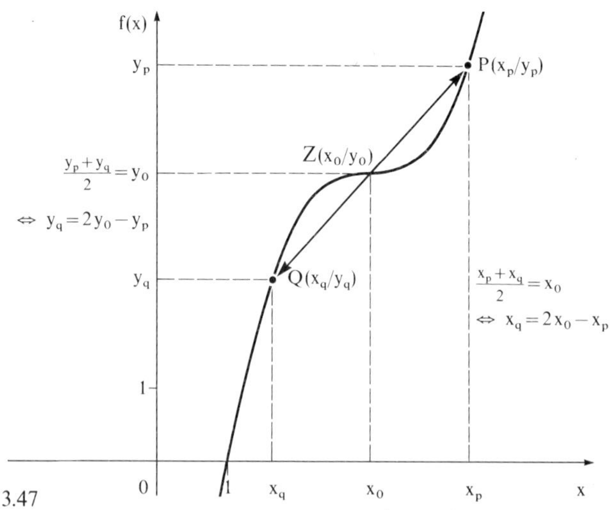

Abbildung 3.47

Definition 3.27: Eine reelle Funktion heißt **punktsymmetrisch zu einem Punkt Z (x_0/y_0)** genau dann, wenn für alle $x \in \mathbb{D}_f$ gilt:

$$f(2x_0 - x) = 2y_0 - f(x).$$

Die Beschränktheit, die Monotonie und Extremstellen werden in Band II behandelt, weil diese Eigenschaften für die Stetigkeit und die Differentialrechnung eine wichtige Rolle spielen.

Abschlußtest

Aufgabe 1: Betrachtet wird die Gerade g durch A(−2/−6) und B(3/4).

a) Geben Sie die Geradengleichung der Geraden g an.

b) Geben Sie die Geradengleichung der Geraden g_1 an, die durch den Punkt C(0/−2) geht und orthogonal zu g ist.

c) Geben Sie die Geradengleichung der zu g parallelen Geraden g_2 durch D(1/4) an.

Aufgabe 2: Bestimmen Sie durch Umformung in Scheitelpunktsform den Scheitelpunkt der zur quadratischen Funktion f mit $f(x) = -\frac{1}{3}x^2 + 2x + 1$ gehörenden Parabel.

Aufgabe 3: Geben Sie die Umkehrfunktion f^{-1} der Funktion

$$f:\quad x \to f(x) = \sqrt[3]{x};\quad x \in \mathbb{D}_{max}\quad \text{an.}$$

Aufgabe 4: Geben Sie den Wertebereich der Funktion

$$f:\quad x \to f(x) = 2^x,\quad x \in \mathbb{R}\quad \text{an.}$$

Aufgabe 5: Gegeben sind die Funktionen f und g durch

$$f(x) = \sqrt{x} \quad \text{und} \quad g(x) = 169 - x^2$$

Bilden Sie die Funktion h mit $h = (f \circ g)$ (also $h(x) = f(g(x))$).

Geben Sie die Funktion h mit $h = (f \circ g)$ (also $h(x) = f(g(x))$! Geben Sie $\mathbb{D}_h$ an und beschreiben Sie den Graphen von h.

Aufgabe 6: Geben Sie eine Funktionsgleichung einer ganzrationalen Funktion 3. Ordnung an, deren Nullstellen −1, 0 und 2 sind.

Aufgabe 7: Bestimmen Sie die Nullstellen der Funktion

$$f:\quad x \to f(x) = x^4 - 5x^3 + x^2 + 21x - 18;\quad x \in \mathbb{R}.$$

Aufgabe 8: Bestimmen Sie die Funktionsgleichung der ganzrationalen Funktion 3. Ordnung, deren Graph durch die Punkte A(−1/2), B(0/1), C(−2/3) und D(2/−25) geht.

Aufgabe 9: Betrachtet wird die gebrochenrationale Funktion

$$f:\quad x \to f(x) = \frac{x^5 - 2x^4 + x^3}{x^4 - 5x^3 + x^2 + 21x - 18},\quad x \in \mathbb{D}_{max}.$$

a) Charakterisieren Sie die Definitionslücken.

b) Geben Sie eine Asymptotengleichung für f an.

Aufgabe 10: Geben Sie die Schnittstellen der Sinus- und der Cosinusfunktion an.

Aufgabe 11: Gegeben sei die Funktion $f: x \to f(x) = \frac{3x}{x^2 + 1}$, $\mathbb{D}_f = \mathbb{R}$.

a) Weisen Sie nach, daß f punktsymmetrisch zu (0/0) ist.

b) Sie erhalten einen neuen Funktionsterm g durch Multiplikation von f mit $k \in \mathbb{R}$. Bestimmen Sie k so, daß $g(1) = 3$ wird.

c) Verschieben Sie die Funktion g um 2 Einheiten in y-Richtung und um 1 Einheit in x-Richtung und geben Sie den Funktionsterm g^* an.

d) Welche Aussage läßt sich jetzt über die Symmetrieeigenschaften von g^* machen?

Lösungen

1. Kapitel

Aufgabe 2: $z(2)=2^2-1=3$; $z(3)=2^3-1=7$; $z(4)=2^4-1=15$; usw. ...

Aufgabe 3:

(1) *Induktionsanfang:* $n=1$: Die Summe der ersten ungeraden Zahl ist 1. Weiterhin gilt $1^2=1 \Rightarrow$ Die Aussage ist für $n=1$ wahr.

(2) *Induktionsschritt:* zu zeigen: $\sum_{i=1}^{n}(2i-1)=n^2 \Rightarrow \sum_{i=1}^{n+1}(2i-1)=(n+1)^2$

Beweis: $\sum_{i=1}^{n}(2i-1)=1+3+\ldots+(2n-1)=n^2$

$\Leftrightarrow 1+3+\ldots+(2n-1)+(2(n+1)-1)=n^2+(2(n+1)-1)$

(Hier wurde die $(n+1)$-te ungerade Zahl addiert)

$\Leftrightarrow 1+3+\ldots+(2n-1)+(2n+1)=n^2+2n+1$

$\Leftrightarrow 1+3+\ldots+(2n-1)+(2n+1)=(n+1)^2$

$\Leftrightarrow \sum_{i=1}^{n+1}(2i-1)=(n+1)^2$

Mit (1) und (2) ist die Behauptung bewiesen.

Aufgabe 4:

1) *Induktionsanfang:* $n=1$: $n^3-n=1^3-1=0$. Da $0:6=0$, ist $A(1)$ wahr.

2) *Induktionsschritt:*
zu zeigen: n^3-n ist durch 6 teilbar $\Rightarrow$ $(n+1)^3-(n+1)$ ist durch 6 teilbar.

Beweis: $(n+1)^3-(n+1)=n^3+3n^2+3n+1-n-1$
$=n^3-n+3n^2+3n$
$=n^3-n+3n\cdot(n+1)$

Der Term n^3-n ist nach Voraussetzung durch 6 teilbar. Der zweite Term $3n(n+1)$ ist durch 3 teilbar, da ein Faktor 3 ist. Außerdem ist er durch 2 teilbar, da eine der beiden aufeinanderfolgenden Zahlen n bzw. $n+1$ gerade sein muß. Also ist der zweite Summand auch durch 6 teilbar. Damit ist der ganze Term $n^3-n+3n(n+1)$ durch 6 teilbar.
Mit (1) und (2) folgt die Behauptung.

Aufgabe 5:

(1) *Induktionsanfang:* $n=5$: $2^5>5^2 \Rightarrow 32>25$ wahr

(2) *Induktionsschritt:* zu zeigen: $n\geq 5$: $(2^n>n^2 \Rightarrow 2^{n+1}>(n+1)^2)$

Beweis: $2^n>n^2 \Leftrightarrow 2^n\cdot 2>n^2\cdot 2 \Leftrightarrow 2^{n+1}>n^2+n^2$
$\Leftrightarrow 2^{n+1}>n^2+2n+1$ (s. Beispiel 4)
$\Leftrightarrow 2^{n+1}>(n+1)^2$ (1. binomische Formel)

Mit (1) und (2) ist die Behauptung bewiesen.

Abschlußtest

Aufgabe 1:

a) 1) $n=1$: $2n^3+3n^2+7n=2+3+7=12$; $12:6=2 \Rightarrow A(1)$ ist wahr.

2) Der Term $2(n+1)^3+3(n+1)^2+7(n+1)$ läßt sich umformen zu:

$$2n^3+9n^2+19n+12=2n^3+3n^2+7n+6(n^2+2n+2)$$

Der Term $2n^3+3n^2+7n$ ist durch 6 teilbar nach Voraussetzung und in dem 2. Summanden kann 6 als Faktor ausgeklammert werden.

Mit (1) und (2) folgt dann die Behauptung.

b) 1) $n=1$: $\frac{1}{2^1}=0{,}5$ und $1-\frac{1}{2^1}=0{,}5$, also ist $A(1)$ wahr.

2) zu zeigen: $\frac{1}{2^1}+\frac{1}{2^2}+\ldots+\frac{1}{2^n}=1-\frac{1}{2^n}$

$$\Rightarrow \frac{1}{2^1}+\frac{1}{2^2}+\ldots+\frac{1}{2^n}+\frac{1}{2^{n+1}}=1-\frac{1}{2^{n+1}}$$

Beweis: $\sum_{k=1}^{n}\frac{1}{2^k}=1-\frac{1}{2^n} \Rightarrow \sum_{k=1}^{n+1}\frac{1}{2^k}=\sum_{k=1}^{n}\frac{1}{2^k}+\frac{1}{2^{n+1}}$

$$=1-\frac{1}{2^n}+\frac{1}{2^{n+1}}=1-\frac{2}{2^{n+1}}+\frac{1}{2^{n+1}}=1-\frac{1}{2^{n+1}}$$

Zusammen mit (1) ist die Aussage damit für alle $n\in\mathbb{N}$ bewiesen.

c) 1) $n=9$: $2^n=2^9=512$ und $(2n)^2=18^2=324$, also $512>324 \Rightarrow A(9)$ ist wahr.

2) zu zeigen: $n\geq 9$: $(2^n>(2n)^2 \Rightarrow 2^{n+1}>(2\cdot(n+1))^2)$

Beweis: $2^n>(2n)^2$

$$\Leftrightarrow 2\cdot 2^n>2\cdot 4n^2$$
$$\Leftrightarrow 2^{n+1}>4n^2+4n^2$$
$$\Rightarrow 2^{n+1}>4n^2+4\cdot(2n+1) \quad (\text{da } n^2>2n+1\text{; s. Beispiel 4})$$
$$\Leftrightarrow 2^{n+1}>4n^2+8n+4$$
$$\Leftrightarrow 2^{n+1}>4\cdot(n^2+2n+1)$$
$$\Leftrightarrow 2^{n+1}>4\cdot(n+1)^2=(2\cdot(n+1))^2$$

Mit (1) und (2) ist die Behauptung bewiesen.

Aufgabe 2:

Vermutung: Für alle $n\in\mathbb{N}$ gilt: $\sum_{k=1}^{n}2k=n\cdot(n+1)$

Beweis:

1) $n=1$: $n\cdot(n+1)=1\cdot 2=2 \Rightarrow A(1)$ ist wahr.

2) zu zeigen:

$$\sum_{k=1}^{n}2k=n\cdot(n+1) \Rightarrow \sum_{k=1}^{n+1}2k=(n+1)\cdot(n+1+1)$$

Beweis:

$$\sum_{k=1}^{n+1} 2k = \sum_{k=1}^{n} 2k + 2\cdot(n+1) = n\cdot(n+1) + 2\cdot(n+1) = (n+2)\cdot(n+1)$$

Mit (1) und (2) ist die Vermutung bewiesen.

Aufgabe 3:

1) *Induktionsanfang:* $n=1$: $(1+a)^n = 1+a$ und $1+a\cdot n = 1+a$. Da $(1+a) \geq (1+a)$ für alle a eine wahre Aussage ist, ist A(1) wahr.
2) *Induktionsschritt:* zu zeigen: Für $a > -1$ gilt:

$$(1+a)^n \geq 1+a\cdot n \Rightarrow (1+a)^{n+1} \geq 1+a\cdot(n+1).$$

Beweis: $(1+a)^n \geq 1+a\cdot n \qquad |\cdot(1+a)\ [1+a>0]$

$\Leftrightarrow (1+a)^n\cdot(1+a) \geq (1+a\cdot n)(1+a)$

$\Leftrightarrow (1+a)^{n+1} \geq 1+a\cdot n+a+a^2 n$ (Die kleinere Seite wird noch weiter verkleinert)

$\Rightarrow (1+a)^{n+1} \geq 1+a\cdot n+a$

$\Leftrightarrow (1+a)^{n+1} \geq 1+a\cdot(n+1)$

Mit (1) und (2) folgt die Behauptung.

2. Kapitel

Aufgabe 1: Die Folge $\langle a_n\rangle = \left\langle\left(\frac{1}{3}\right)^n\right\rangle$ ist streng monoton fallend.

Die Folge $\langle K_n\rangle = K\cdot\left(1+\frac{p}{100}\right)^{n-1}$ ist streng monoton steigend.

Die Folge $\langle a_n\rangle = \left\langle\left(-\frac{1}{2}\right)^n(n^2-1)\right\rangle$ ist nicht monoton.

Aufgabe 2:

a) Um nachzuweisen, daß eine Folge nicht nach unten beschränkt ist, ist zu zeigen, daß es zu jeder negativen Zahl s ein Folgenglied a_n gibt, das kleiner als s ist.
b) Die Folge $\langle a_n\rangle = \langle 2-3(n-1)\rangle$ ist nach oben beschränkt, aber nicht nach unten.

Aufgabe 3: Es ist $\left(\frac{2}{5}\right)^n < \frac{1}{n}$. Ist also $\frac{1}{n} < \frac{\varepsilon}{7}$ so auch $\left(\frac{2}{5}\right)^n < \frac{\varepsilon}{7}$.

Wähle $n_0 \in \mathbb{N}$ so, daß $n_0 > \frac{7}{\varepsilon}$. Dann gilt $\frac{1}{n_0} < \frac{\varepsilon}{7}$ und für alle $n > n_0$: $\frac{1}{n} < \frac{1}{n_0} < \frac{\varepsilon}{7}$ und damit $\left(\frac{2}{5}\right)^n < \frac{\varepsilon}{7}$, was äquivalent ist zu $7\cdot\left(\frac{2}{5}\right)^n < \varepsilon$. Also gilt: Sei $\varepsilon > 0$ eine beliebige positive Zahl und $n_0 \in \mathbb{N}$ so daß $n_0 > \frac{7}{\varepsilon}$, dann gilt für alle $n > n_0$: $\frac{1}{n} < \frac{1}{n_0} < \frac{\varepsilon}{7}$ und damit $\left(\frac{2}{5}\right)^n < \frac{\varepsilon}{7}$ und damit schließlich $7\cdot\left(\frac{2}{5}\right)^n < \varepsilon$. Das war zu zeigen.

Abschlußtest

Aufgabe 1:

a) $\langle a_n\rangle=\left\langle\frac{n-1}{n+1}\right\rangle$ ist streng monoton wachsend und beschränkt; nach oben beschränkt durch 1, nach unten beschränkt durch 0.

b) $\langle a_n\rangle=\left\langle\left(-\frac{2}{3}\right)^n\right\rangle$ ist nicht monoton aber beschränkt; nach oben beschränkt durch 1, nach unten beschränkt durch -1.

c) $\langle a_n\rangle$ ist nicht monoton. Es ist $a_1>a_2>a_3>a_4$ und $a_4<a_5<a_6<\ldots$ also $a_n<a_{n+1}$ für $n\geq 4$.
$\langle a_n\rangle$ ist nach unten beschränkt durch 0, aber nicht nach oben beschränkt.

d) $\langle a_n\rangle$ ist streng monoton wachsend. $\langle a_n\rangle$ ist nach unten beschränkt durch 1, nach oben beschränkt durch 2.

Aufgabe 2:

a) Die Aussage ist richtig. Ist $\langle a_n\rangle$ monoton wachsend, so gilt $a_{n+1}\geq a_n$ für alle $n\in\mathbb{N}$. Daraus folgt $-a_{n+1}\leq -a_n$ für alle n. Also ist $\langle -a_n\rangle$ monoton fallend. Der Fall für strenge Monotonie wird analog gezeigt.

b) Die Aussage ist falsch. Ein Gegenbeispiel ist $\langle a_n\rangle$ mit

$$a_n=\begin{cases}-\frac{1}{n} & \text{für } n=1, 2, \ldots, 10\\ n & \text{für } n\geq 11\end{cases}$$

$\langle a_n\rangle$ ist streng monoton wachsend, aber $\langle |a_n|\rangle$ ist nicht monoton.

c) Die Aussage ist falsch. Sie gilt nur, wenn $a_n>0$ ist für alle n.
Ein Gegenbeispiel ist $\langle a_n\rangle=\langle -n\rangle$. Diese Folge ist monoton fallend, obwohl $\frac{a_{n+1}}{a_n}=\frac{-(n+1)}{-n}=\frac{n+1}{n}>1$.

d) Die Aussage ist richtig.

Aufgabe 3:

a) I_0 = Intensität vor Auftreffen auf 1. Platte;

$I_1=I_0-I_0\cdot\frac{6}{100}=I_0\left(1-\frac{6}{100}\right)$ = Intensität nach Durchdringen der ersten Platte;

$I_8=I_0\left(1-\frac{6}{100}\right)^8$ = Intensität nach Durchdringen der 8. Platte;

$\frac{I_0-I_8}{I_0}=1-0{,}94^8\approx 0{,}39.$

Prozentualer Intensitätsverlust nach Durchdringen der 8. Platte $\approx 39\%$.

b) $I_0\cdot 0{,}94^n\leqq 0{,}1\, I_0 \Leftrightarrow 0{,}94^n\leq 0{,}1$. Logarithmieren der Ungleichung liefert $n\geq\frac{|\log 0{,}1|}{|\log 0{,}94|}\approx 37{,}2$. Es sind also mindestens 38 Platten aufzustellen.

Aufgabe 4:

a) Es ist $\lim\limits_{n\to\infty}\left(3-\left(\frac{1}{2}\right)^n\right)=3$.

b) Die Folge $\langle a_n\rangle=\langle 1+(-1)^n\rangle$ hat die Gestalt

$$a_n=\begin{cases}0 \text{ für n ungerade}\\ 2 \text{ für n gerade}\end{cases}$$

Wäre 0 Grenzwert von $\langle a_n\rangle$, dann müßten in jeder Umgebung $U_\varepsilon(0)$ fast alle Folgenglieder, d.h. alle bis auf höchstens endlich viele Ausnahmen liegen. Wähle $\varepsilon=1$. In $U_1(0)$ liegt keines der Folgenglieder mit geradem Index ($|a_n-0|=2$) für alle geraden n).

Aufgabe 5:

a) Gegenbeispiel: $\langle a_n\rangle=\left\langle\frac{(-1)^n}{n}\right\rangle$.

b) Gegenbeispiel: $\langle a_n\rangle=\langle n\rangle$.

c) Gegenbeispiel: $\langle a_n\rangle=\langle(-1)^n\rangle$.

3. Kapitel

Aufgabe 1:

a) Q liegt auf g, wenn die Steigung von $PQ=m=3$ ist:

$$\frac{7-1}{4-2}=3, \quad \text{also } Q\in g.$$

b) allgemein: $\frac{y_q-1}{x_q-2}=m \Leftrightarrow y_q-1=m(x_q-2)$.

Aufgabe 2:

a) $m=\frac{6-2}{5-3}=2$.

b) R liegt auf g, wenn die Steigung von RP (und auch von RQ) gleich der Steigung von PQ ist:

$$\frac{12-2}{8-3}=\frac{6-2}{5-3}=2, \quad \text{also } R\in g.$$

c) allgemein: $\frac{y_r-2}{x_r-3}=\frac{6-2}{8-3} \Leftrightarrow y_r-2=\frac{6-2}{8-3}\cdot(x_r-2)$.

Aufgabe 3:

a) $5=g(3)=0{,}4\cdot 5+1=3$ wahr.

b) $|AB|=\sqrt{(3-6)^2+(5-1)^2}=5$.

c) Parallele zur x-Achse: $f(x)=6$.
Parallele zur Funktionswertachse: $x=1$.

d) Bedingung für h: (1) gleiche Steigung wie g, also $m=\frac{2}{5}$.
(2) $A\in h$.

also:

$$h(1)=6=m\cdot 1+b \wedge m=\frac{2}{5} \Leftrightarrow b=\frac{28}{5} \text{ und } m=\frac{2}{5}$$

oder nach der Punkt-Steigungs-Form:

$$y-6=\frac{2}{5}(x-1) \Leftrightarrow y=h(x)=\frac{2}{5}x+\frac{28}{5}.$$

e) Bedingung für $g_\perp$:

(1) $B\in g$ und (2) $m\cdot\frac{2}{5}=-1 \Leftrightarrow m=-\frac{5}{2}$

also $g_\perp(x)=-\frac{5}{2}x+\frac{31}{2}$.

Aufgabe 4:

$$f_3(x)=-2(x-2)^2+3=-2(x^2-4x+4)+3=-2x^2+8x-5$$

also $f(x)=ax^2+bx+c$ mit $a=-2$, $b=8$ und $c=-5$.

Aufgabe 5:

a) $f(x)=-0{,}5(x+3)^2+2$ also $S(-3/2)$.

b) $f(x)=\frac{1}{3}(x-3)^2$ also $S(3/0)$.

c) $f(x)=4(x+1{,}5)^2-25$ also $S(-1{,}5/-25)$.

Aufgabe 6:

a) $$\left\{\begin{array}{l} f(-2)=3=a\cdot(-2)^2+b\cdot(-2)+c \\ f(0)=4=a\cdot 0^2+b\cdot 0+c \\ f(4)=0=a\cdot 4^2+b\cdot 4+c \end{array}\right\} \Leftrightarrow \left\{\begin{array}{l} a=-0{,}25 \\ b=0 \\ c=4 \end{array}\right\}$$

also $f(x)=-0{,}25x^2+4$

b) $f(x)=k\cdot(x-(-1))^2+(-2)$ und $f(3)=6$
$\Rightarrow f(x)=0{,}5(x+1)^2-2$.

c) $f(0)=-3$ und $k=-1$ und $f(x)=k(x-3)^2+y_S$
$\Rightarrow f(x)=-1(x-3)^2+6$

Aufgabe 7:

a) $f(x)=k(x-3)^2+y_S$ und $f(0)=-3$
$\Rightarrow -3=k(0-3)^2+y_S \Leftrightarrow y_S=-3-9k$
$\left(\text{oder } k=-\frac{1}{3}-\frac{1}{9}y_S\right)$
also $f(x)=k(x-3)^2-3-9k=kx^2-6kx-3$ oder

$$f(x)=\left(-\frac{1}{3}-\frac{1}{9}y_S\right)\cdot(x-3)^2+y_S$$
$$=\left(-\frac{1}{3}-\frac{1}{9}y_S\right)x^2+\left(2+\frac{2}{3}y_S\right)x-3.$$

b) Wegen der Achsensymmetrie: $x_S=(5+1):2=3$, der Scheitelpunkt muß also die x-Koordinate 3 haben.
Zusatz: zusätzlich muß für die y-Koordinate $y_S<0$ gelten.

c) $S(x_S/y_S)$ auf der Winkelhalbierenden: $y_S=x_S$

$(0/0)\in f$: $f(0)=0=k(0-x_S)^2+x_S \Rightarrow k=\frac{-1}{x_S}$ für $x_S \neq 0$

also $f(x_S)=-\frac{1}{x_S}(x-x_S)^2+x_S=-\frac{1}{x_S}x^2-2x+2x_S$

Aufgabe 8:

a) Für alle $n\in\mathbb{N}$ gilt: $1^n=1$, somit haben die Graphen aller Potenzfunktionen (1/1) als gemeinsamen Punkt und wegen $0^n=0$, also (0/0).

b) Für n ungerade gilt: $(-1)^n=-1$, damit haben die Graphen aller ungeraden Potenzfunktionen zusätzlich noch $(-1/-1)$ gemeinsam.

Aufgabe 9:

Der Zeichnung entnimmt man: Für $-1<x<0$ und $x>1$ liegt der Graph von $f_1(x)=x^5$ oberhalb des Graphen von $f_2(x)=x^3$.

Rechnerisch:
$$\begin{aligned} & f_1(x)>f_2(x) \\ \Leftrightarrow\ & x^5>x^3 \\ \Leftrightarrow\ & (x^2>1 \wedge x>0) \vee (x^2<1 \wedge x<0) \\ \Leftrightarrow\ & x>1 \vee -1<x<0 \end{aligned}$$

Aufgabe 10:

Zu zeigen: für $x_1, x_2>0$: $x_1 \neq x_2 \Rightarrow f(x_1)\neq f(x_2) \Leftrightarrow x_1^2 \neq x_2^2$

$$\begin{aligned} x_1 \neq x_2 &\Leftrightarrow x_1<x_2 \text{ oder } x_2<x_1 \\ &\Rightarrow x_1^2<x_2^2 \text{ oder } x_2^2<x_1^2 \\ &\Leftrightarrow x_1^2 \neq x_2^2 \qquad \text{(da } x_1, x_2>0\text{).} \end{aligned}$$

Aufgabe 11:

x	−1	0	0,5	1	2	3	4	5
$f(x)=0{,}5x-1{,}5$	−2	−1,5	−1,25	−1	−0,5	0	0,5	1

x	−2	−1,5	−1	0	1	2	3
$f^{-1}(x)=2x+3$	−1	0	1	3	5	7	9

Aufgabe 12:

a) f ist umkehrbar: mit $x_1 \neq x_2 \Rightarrow x_1^3 \neq x_2^3 \Rightarrow f(x_1)\neq f(x_2)$

$f(x)=x^3+5$

$\Rightarrow x=\sqrt[3]{f(x)-5}$ also $f^{-1}: x \to \sqrt[3]{x-5}$; $x\in \mathbb{W}_f=\mathbb{R}$ und $x\geq 5$.

b) f nicht umkehrbar:

($f(x)=-(x-1)^2$, also eine Parabel mit Scheitelpunkt (1/0) und nach unten geöffnet).

$f(-1)=-4$ und $f(3)=-4$.

c) f umkehrbar für $\mathbb{D}_{max} = \mathbb{R} \setminus \{0\}$:

für $x_1, x_2 \neq 0,\ x_1 \neq x_2 \Rightarrow \frac{1}{x_1} \neq \frac{1}{x_2}$ (mit R 14 Kap. Ungleichungen)

$f(x) = \frac{1}{x} \Rightarrow x = \frac{1}{f(x)}$, also $f^{-1}: x \to \frac{1}{x}$; $x \in \mathbb{W}_f = \mathbb{R} \setminus \{0\}$.

Aufgabe 13:

Da alle Exponentialfunktionen (0/1) gemeinsam haben, haben alle Logarithmusfunktionen (1/0) gemeinsam (vgl. „Umkehrfunktion"). Die Graphen der Logarithmusfunktionen sind für

$q > 1$ streng monoton wachsend,

$0 < q < 1$ streng monoton fallend (vgl. Satz „Monotonie").

Aufgabe 14:

$f(t) = 24\left(1 + \frac{35}{100}\right)^t = 24e^{kt}$ mit $k = \ln\left(1 + \frac{35}{100}\right)$ Wachstumsf. für 1988 $(t = 361)$

$f(361) \approx 10\,647{,}01$.

1988 wären die 24 Dollar nur auf etwa 10647 Dollar angewachsen.

$$24 \cdot e^{\ln(1{,}035)t} = 2 \cdot 24$$
$$\Leftrightarrow e^{\ln(1{,}035)t} = 2$$
$$\Leftrightarrow \ln(1{,}035)t = \ln(2)$$
$$\Leftrightarrow t = \frac{\ln(2)}{\ln(1{,}035)} \approx 20{,}1$$

Somit hätten sich die 24 Dollar im Jahre 1648 verdoppelt.

Aufgabe 15:

a) $f(x+2) = k \cdot f(x)$, also $1{,}5^{x+2} = 1{,}5^x \cdot 1{,}5^2 = k \cdot 1{,}5^x$
$\Rightarrow k = 1{,}5^2 = 2{,}25$.

b) $f(x+1) = 0{,}5 \cdot f(x)$, also $q^{x+1} = q^x \cdot q^1 = 0{,}5q^x$
$\Rightarrow q = 0{,}5$ und damit $f(x) = (0{,}5)^x$.

Aufgabe 16:

$(g+h)(x) = 2x - 3 + x^2 + 1 = x^2 + 2x - 2$

$(g-h)(x) = 2x - 3 - (x^2+1) = -x^2 + 2x - 4$

$(g \cdot h)(x) = (2x-3) \cdot (x^2+1) = 2x^3 - 3x^2 + 2x - 3$

$\left(\frac{g}{h}\right)(x) = \frac{2x-3}{x^2+1}$ $x \in \mathbb{R}$ (da $x^2 + 1 \neq 0$ für alle $x \in \mathbb{R}$)

$(h \circ g)(x) = h(2x-3) = (2x-3)^2 + 1 = 4x^2 - 12x + 10$

$(g \circ h)(x) = g(x^2+1) = 2(x^2+1) - 3 = 2x^2 - 1$

Aufgabe 17:

$g(x) = m_1 \cdot x + b_1$ und $h(x) = m_2 \cdot x + b_2$,

daraus folgt: $(h \circ g)(x) = h(m_1 \cdot x + b_1) = m_2 \cdot (m_1 \cdot x + b_1) + b_2$
$= m_2 \cdot m_1 \cdot x + (m_2 \cdot b_1 + b_2)$
$= m \cdot x + b$

mit $m = m_1 \cdot m_2$ und $b = m_2 \cdot b_1 + b_2$

Aufgabe 18:

a) $(h \circ g)(x) = \sqrt{36 - x^2}$, $\mathbb{D} = [-6; 6]$ (Halbkreis um $(0|0)$ mit Radius 6).

b) formal: $(h \circ g)(x) = \ln(-2x^2 - 12x - 18)$
jedoch $-2x^2 - 12x - 18 = -2(x+3)^2 < 0$ für alle $x \in \mathbb{R}$;
damit $\mathbb{D}_{(h \circ g)} = \{\ \} = \emptyset$!

Aufgabe 19: f: $x \to f(x) = -3x^3 - 15x^2 + 6x + 72$.

Aufgabe 20:

$(f_1 + f_2)(x) = 4x^2 + x + 1$; $(f_1 - f_2)(x) = -4x^2 + 5x - 11$
$(f_1 \cdot f_2)(x) = (3x - 5) \cdot (4x^2 - 2x + 6) = 12x^3 - 26x^2 + 28x - 30$.

Aufgabe 21:

$$\begin{array}{lll} f(-1) = -2 \text{ bedeutet:} & -a_3 + a_2 - a_1 + a_0 = -2 & \\ f(1) = 6 \text{ bedeutet:} & a_3 + a_2 + a_1 + a_0 = 6 & \\ f(2) = 58 \text{ bedeutet:} & 8 \cdot a_3 + 4 \cdot a_2 + 2 \cdot a_1 + a_0 = 58 & \\ f(0) = 4 \text{ bedeutet:} & 0 \cdot a_3 + 0 \cdot a_2 + 0 \cdot a_1 + a_0 = 4 & \Leftrightarrow a_0 = 4. \end{array}$$

Die Lösungsmengenbestimmung dieses Gleichungssystems liefert:
$a_3 = 9$; $a_2 = -2$; $a_1 = -5$ und $a_0 = 4$,
also lautet der Funktionsterm: $f(x) = 9x^3 - 2x^2 - 5x + 4$.

Aufgabe 22:

$f_1(x) = a_n x^n + a_{n-1} x^{n-1} + \ldots + a_1 x + a_0$
$f_2(x) = b_m x^m + b_{m-1} x^{m-1} + \ldots + b_1 x + b_0$
$\Rightarrow (f_1 \cdot f_2)(x) = a_n b_m x^n x^m + \ldots + a_0 b_0 = (a_n b_m) x^{n+m} + \ldots + a_0 b_0$

Aufgabe 23: $(g \cdot f^*)(x) = (x-3)(2x^2 + 18x + 54) = 2x^3 + 12x^2 - 162$.

Aufgabe 24:

a) $f(1) = 2 + 12 - 14 = 0$

b) nach dem Hornerschema:

	2	12	0	−14
	0	2	14	14
$x_N = 1$	2	14	14	0 = f(1)

und somit $f^*(x) = 2x^2 + 14x + 14$
mit Hilfe der Polynomzerlegung:

$$\begin{array}{l} 2x^3 + 12x^2 \qquad - 14 = (x-1)(2x^2 + 14x + 14) \\ \underline{-(2x^3 - 2x^2)} \\ \quad 14x^2 \\ \quad \underline{-(14x^2 - 14x)} \\ \qquad 14x \\ \qquad \underline{-(14x - 14)} \\ \qquad\quad 0 \end{array}$$

Aufgabe 25: $f(x) = x^3 - 2x^2 - 5x + 6$

Aufgabe 26: $x^2+x-6=(x-2)(x+3)$

also: $f(x)=\dfrac{3(x-2)}{(x-2)(x+3)} \Rightarrow \tilde{f}(x)=\dfrac{3}{x+3}$;

$(x-2)$ herauskürzbar, $(x+3)$ in ungerader Potenz.

Aufgabe 27:

Die Polynomzerlegung liefert:

$$\begin{array}{l} 2x^3+5x^2-7x+9=(x^2+3x-4)(2x-1)+(4x+5) \\ \underline{-(2x^3+6x^2-8x)} \\ \quad -x^2+x \\ \quad \underline{-(-x^2-3x+4)} \\ \qquad 4x+5 \end{array}$$

Somit läßt sich f(x) darstellen als $2x-1+\dfrac{4x+5}{x^2+3x-4}$.

Aufgabe 28: Auch wenn klar ist, daß $g(x)=2$ Asymptote sein muß (denn nur für $x=2$ sind f(x) und $\tilde{f}(x)$ verschieden),

zur Übung: $(x+4)^2=x^2+8x+16$

also
$$\begin{array}{l} 2x^2 \qquad =(x^2+8x+16)2+(-16x-32) \\ \underline{-(2x^2+16x+32)} \\ \quad -16x-32 \end{array}$$

also $\tilde{f}(x)=2+\dfrac{-16x-32}{x^2+8x+16}$

Aufgabe 29:

a) $f(x)=\dfrac{x^3}{(x-2)^2}$, somit ist $x=2$ Polstelle ohne Vorzeichenwechsel

$$\begin{array}{l} x^3 \qquad =(x^2-4x+4)(x+4)+(12x-16) \\ \underline{-(x^3-4x^2+4x)} \\ \quad 4x^2-4x \longleftarrow \text{(hier nicht aufhören!)} \\ \quad \underline{-(4x^2-16x+16)} \\ \qquad 12x-16 \end{array}$$

Also $f(x)=(x+4)+\dfrac{12x-16}{x^2-4x+4}$ und $g(x)=x+4$ Asymptote.

b) $(x^4-2x^3-3x^2+4x+4)=(x+1)\cdot(x^3-3x^2+4)$
$=(x+1)^2\cdot(x^2-4x+4)$
$=(x+1)^2\cdot(x-2)^2$

$x^3-4x-3=(x+1)(x^2-x-3)$
$=(x+1)\left(x-0{,}5-\dfrac{\sqrt{13}}{2}\right)\left(x-0{,}5+\dfrac{\sqrt{13}}{2}\right)$

also $f(x)=\dfrac{(x+1)(x^2-x-3)}{(x+1)^2(x-2)^2}$ und damit $x=-1$ Polstelle mit Vorzeichenwechsel; $x=2$ Polstelle ohne Vorzeichenwechsel; Asymptote ist die x-Achse.

Aufgabe 30:

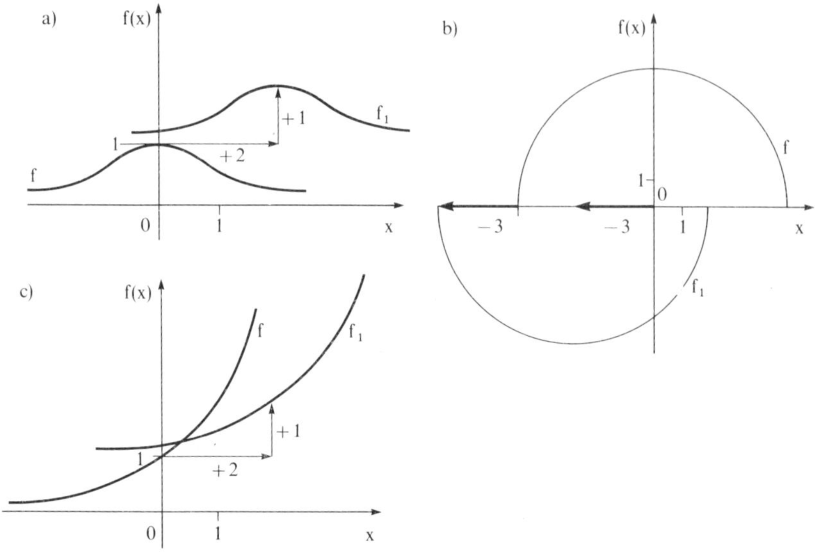

Aufgabe 31:

$f_1(x) = 3 \cdot (x-1{,}5)^2 - 3$
$\quad = 3x^2 - 9x - 3{,}75$

Aufgabe 32:

a) $f(x) = -2 \cdot (x+3)^2 + 4$ b) $f(x) = (x+1)^3$ c) $f(x) = (x-1)^3 - 2$

Aufgabe 33:

a) $x_s^2 - 4 = -2x_s - 1 \Rightarrow x_{s1} = -3 \vee x_{s2} = 1$
$\Rightarrow S_1(-3/5)$ und $S_2(1/-3)$

b) $4x_s^2 + x_s = x_s^3 + 4 \Rightarrow x_s^3 - 4x_s^2 - x_s + 4 = 0$
$\Leftrightarrow (x_s - 1) \cdot (x_s^2 - 3x_s - 4) = 0 \Leftrightarrow (x_s - 1) \cdot (x_s + 1) \cdot (x_s - 4) = 0$
(vgl. Polynomdivision)
$\Rightarrow S_1(-1/3); S_2(1/5)$ und $S_3(4/68)$

Aufgabe 34:

a) $x_N = 0 \vee x_N = 4$

b) $f(x_N) = 0 \Rightarrow (x_N - 2)^2 = -4 \Rightarrow$ es gibt keine Nullstellen.

Aufgabe 35:

a) $f_1(x) = \frac{1}{x}$ ist symmetrisch zu (0/0):

Für alle $x \in \mathbb{R}$ gilt: $\frac{1}{x} = -\frac{1}{(-x)}$.

b) $f_2(x)=\frac{1}{x^2}$ ist symmetrisch zur Funktionswertachse:

Für alle $x\in\mathbb{R}$ gilt: $\frac{1}{x^2}=\frac{1}{(-x)^2}$.

c) $f_3(x)=\frac{1}{x+1}$ ist nicht symmetrisch bzgl. Def. 3.24 oder Def. 3.25, jedoch symmetrisch zu $(-1/0)$ (vgl. Def. 3.27):

Für alle $x\in\mathbb{R}$ gilt: $\frac{1}{-2-x+1}=-\frac{1}{x+1}$.

d) $f_4(x)=\frac{1}{x^2+3}$ ist symmetrisch zur Funktionswertachse:

Für alle $x\in\mathbb{R}$ gilt: $\frac{1}{x^2+3}=\frac{1}{(-x)^2+3}$.

e) $f_5(x)=|x^3|$ ist symmetrisch zur Funktionswertachse:

Für alle $x\in\mathbb{R}$ gilt: $|x^3|=|(-x)^3|=|-x^3|$.

f) $f_6(x)=\sqrt{|x|}$ ist symmetrisch zur Funktionswertachse:

Für alle $x\in\mathbb{R}$ gilt: $\sqrt{|x|}=\sqrt{|-x|}$, da $|x|=|-x|$.

g) $f_7(x)=|x-2|$ ist nicht symmetrisch nach Def. 3.24 oder Def. 3.25, jedoch symmetrisch zu einer Parallelen zur Funktionswertachse $x=2$ (vgl. Def. 3.26):

Für alle $x\in\mathbb{R}$ gilt: $|x-2|=|(4-x)-2|=|2-x|$.

Aufgabe 36: Wären zu einer solchen Funktion $P(x_p/y_p)$ und $Q(x_q/y_q)$ Spiegelpunkte, dann müßte gelten: $x_p=x_q$ und $y_p=-y_q$ (bitte Zeichnung selbst anfertigen). Das widerspricht der Definition der reellen Funktion (vgl. Beispiel 3): Zu einem Argumentwert gäbe es zwei verschiedene Funktionswerte. Nur ein Fall ist denkbar, der dieses Problem löst: Zu jedem x ist die y-Koordinate 0; f: $x\to f(x)=0$, $x\in\mathbb{R}$ ist also die einzige Funktion, die die in der Frage gestellte Bedingung erfüllt.

Abschlußtest

Aufgabe 1:

a) $g(x)=mx+b$, also $g(-2)=-6=m(-2)+b$ und $g(3)=4=3m+b$
$\Rightarrow$ $m=2$ und $b=-2$, somit $g(x)=2x-2$

b) $g_1(x)=-0{,}5x-2$

c) $g_2(x)=2x+b$ mit $g_2(1)=4=2\cdot 1+b \Rightarrow b=2$,
also $g_2(x)=2x+2$

Aufgabe 2: $f(x)=-\frac{1}{3}x^2+2x+1=-\frac{1}{3}(x^2-6x)+1$

$$=-\frac{1}{3}((x-3)^2-9)+1=-\frac{1}{3}(x-3)^2+4$$

Scheitelpunkt ist damit (3/4).

Aufgabe 3: $f^{-1}(x)=x^3$ mit $\mathbb{D}=\mathbb{R}_0^+$

Aufgabe 4: $\mathbb{W}_f=\mathbb{R}^+$

Aufgabe 5: $h(x)=f(g(x))=\sqrt{169-x^2}$ mit $\mathbb{D}_{max}=[-13;13]$: Halbkreis um (0/0) mit $r=13$.

Aufgabe 6: $f(x)=(x+1)\cdot x\cdot(x-2)=x^3-x^2-2x$ oder
$f_k(x)=k\cdot f(x)$; $k\in\mathbb{R}$ fest.

Aufgabe 7: $f(x)=(x-1)\cdot(x+2)\cdot(x-3)^2$; Nullstellen: -2; 1 und 3.

Aufgabe 8: $f(x)=ax^3+bx^2+cx+d$

$(0/1)\in f$: $f(0)=d=1$
$(-1/2)\in f$: $f(-1)=-a+b-c+1=2$
$(2/-25)\in f$: $f(2)=8a+4b+2c+1=-25$
$(-2/3)\in f$: $f(-2)=-8a+4b-2c+1=3$

Daraus folgt: $f(x)=-x^3-3x^2-3x+1$.

Aufgabe 9:

a) $f(x)=\frac{x^3\cdot(x-1)^2}{(x-1)\cdot(x+2)\cdot(x-3)^2}=\frac{x^3\cdot(x-1)}{(x+2)\cdot(x-3)^2}$ für $x\neq 1$

also: an der Stelle 1: hebbare Definitionslücke
an der Stelle -2: Polstelle mit Vorzeichenwechsel
an der Stelle 3: Polstelle ohne Vorzeichenwechsel

b) $f(x)=x+3+\frac{15x^3-24x^2-45x+54}{x^4-5x^3+x^2+21x-18}$

Daraus folgt: g mit $g(x)=x+3$ ist Asymptote von f.

Aufgabe 10:

$\frac{1}{4}\pi, \frac{5}{4}\pi, \frac{9}{4}\pi, \ldots$ allgemein: $\left(k+\frac{1}{4}\right)\pi$, $k\in\mathbb{Z}$

Aufgabe 11:

a) $f(-x)=\frac{3\cdot(-x)}{(-x)^2+1}=\frac{-3x}{x^2+1}=-f(x)$

b) $g(x)=k\cdot f(x)$ mit $g(1)=3 \Rightarrow g(x)=\frac{k\cdot 3x}{x^2+1}$

$g(1)=3 \Rightarrow 3=\frac{k\cdot 3}{1^2+1} \Leftrightarrow k=2$

c) $g^*(x)=\frac{6\cdot(x-1)}{(x-1)^2+1}+2=\frac{2x^2+2x-2}{x^2-2x+2}$, $\mathbb{D}_{g^*}=\mathbb{R}$

d) g^* ist punktsymmetrisch zum Punkt (1/2),

$$\left.\begin{array}{l} g^*(2x_0-x)=g^*(2-x)=\frac{2x^2-10x+10}{x^2-2x+2} \\ 2\cdot y_0-g^*(x)=\frac{2x^2-10x+10}{x^2-2x+2} \end{array}\right\} \Rightarrow \text{Behauptung.}$$